猫は奇跡

佐竹茉莉子

辰巳出版

はじめに　猫との日々は摩訶不思議

猫って、とてつもなく不思議な力を持っている？　そう気づいたのは、子どもの頃だった。初対面の人でも、内なるやさしさを瞬時に見抜いた。学校で悲しいことがあると、そばにいてそっと頬や手の甲を舐めてくれた。集団行動が苦手な私にとって、猫はいつも味方で親友だった。

フリーライターとなり、猫の取材も重ねるにつれ、「猫って、すごい」という思いは揺るぎないものとなる。何人かの獣医さんからも「猫は奇跡を起こす。他の動物では見たこともないような」とお聞きした。実際、人間には及びもつかない復活や助け合いや、飼い主の人生を一変させたドラマを、幾度となく取材してきた。

奇跡を見せてくれるのは、なにも特別な猫だけではない。今、私は、農園で菜っ葉をかじって生き延びていた黒猫「菜っぱ」に、毎日心を見透かされながら暮らしている。ある朝、窓辺の菜っぱの瞳が、緑を映して煌（きら）めいていた。その美しさといったら！　猫はその体じゅうに奇跡を秘めているのだ。さらには、猫のただひたすらに前を向く生き方がさまざまな「奇跡」を生んでいるのだとも思う。

思えば、こんなにも愛おしい存在に出会い、人生を共にすること自体が、奇跡のようなものである。猫が結んでくれる縁は、あたたかく好もしい。猫と暮らすことは、奇跡のカケラを浴びる至福の日々だ。そんなドラマをあれこれ17集めて、本にしていただいた。猫の奇跡をその短い一生でまざまざと見せてくれた、ゴローに捧げます。

佐竹茉莉子

猫の目は変幻自在。
朝の庭を眺める菜っぱの目も、煌めく緑

猫は奇跡　もくじ

奇跡の猫 *1*

雨の夜にお兄ちゃんに救われた
全盲の猫

こはる♀

雨の夜だった。ふだんは通らないバス通りの坂道を、
自転車を押して帰宅していた男子高校生は、前方に目を凝らした。
舗道脇に雨に濡れて何かが横たわっている。猫だ。
血だらけだが、まだ息はある。
高校生は部活で使うタオルでそっと猫を包み、
制服の上着を脱いでさらにくるんだ。
「助けてあげるからね。がんばるんだよ」

𝕏 @keko17092003

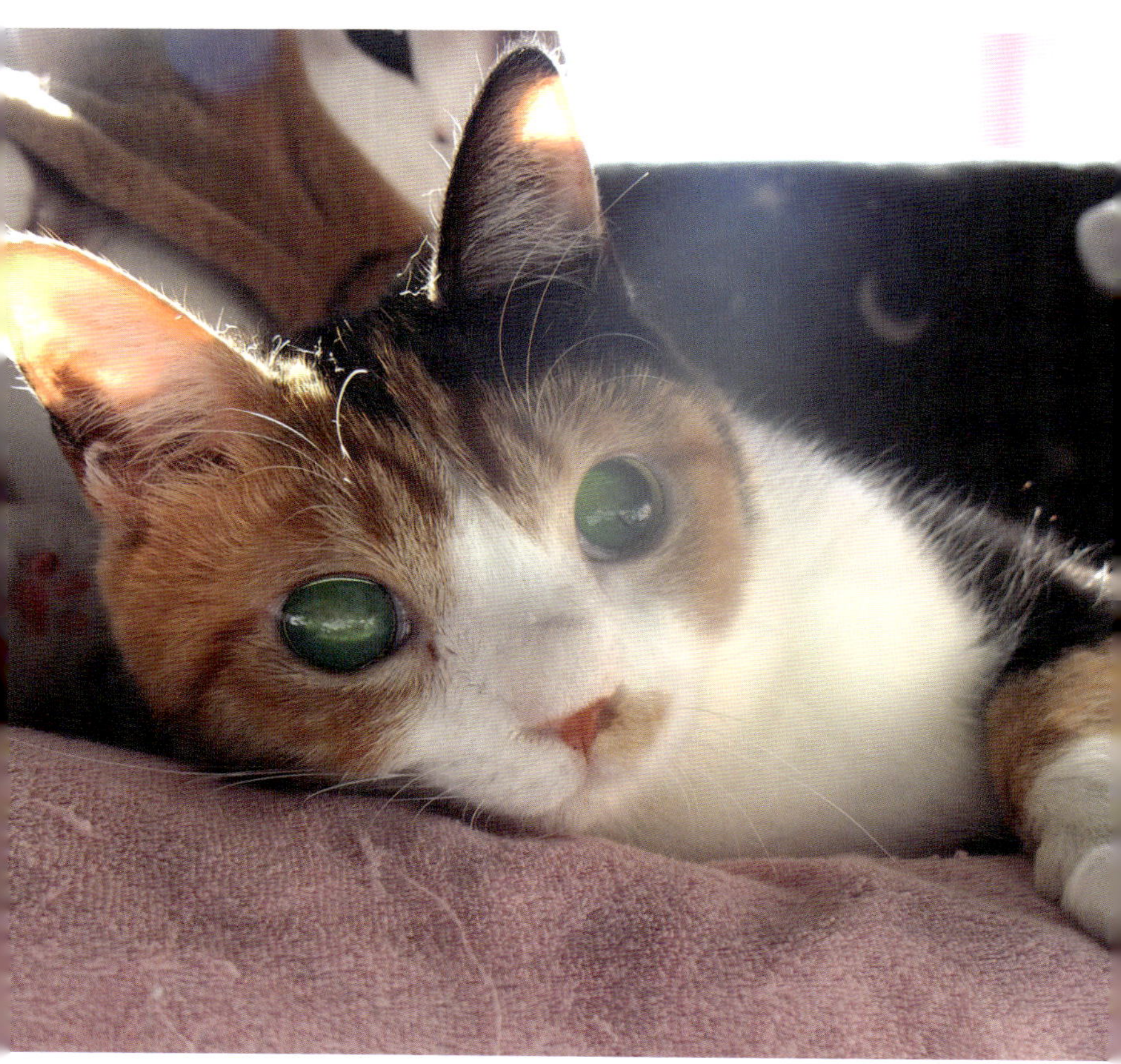

視力を失ったその瞳は、逆光で緑色となる

光の中で

窓辺で、三毛猫のこはるはのんびりとひなたぼっこを楽しんでいる。週末で、専門学校へ通っている大好きなお兄ちゃんがそばにいて、うれしくてたまらない。お兄ちゃんは、命を救ってくれた人だ。

光の当たり具合で、こはるの目は、暗緑色になったり灰白色になったりする。逆光では、メロンドロップのような不思議な緑色になる。こはるは、2年前の事故で顔面を強打し、視力を一瞬にして失った。

「こはる、おいで」

お兄ちゃんが、猫じゃらしを振って遊びに誘う。こはるは飛んでいく。見えない分、かすかな音にも、気配にも敏感だ。家の中の物の配置もすべて頭の中にある。どの部屋にも自由にこはるは行き来している。ケイコ母さんの部屋は、こはるのためにピンクのじゅうたんが敷きつめられ、ベッドに上がるステップがある。トイレも2つある。お兄ちゃんはといえば、こはるがいつでも出入りできるよう、自室のドアを取り外してしまった。

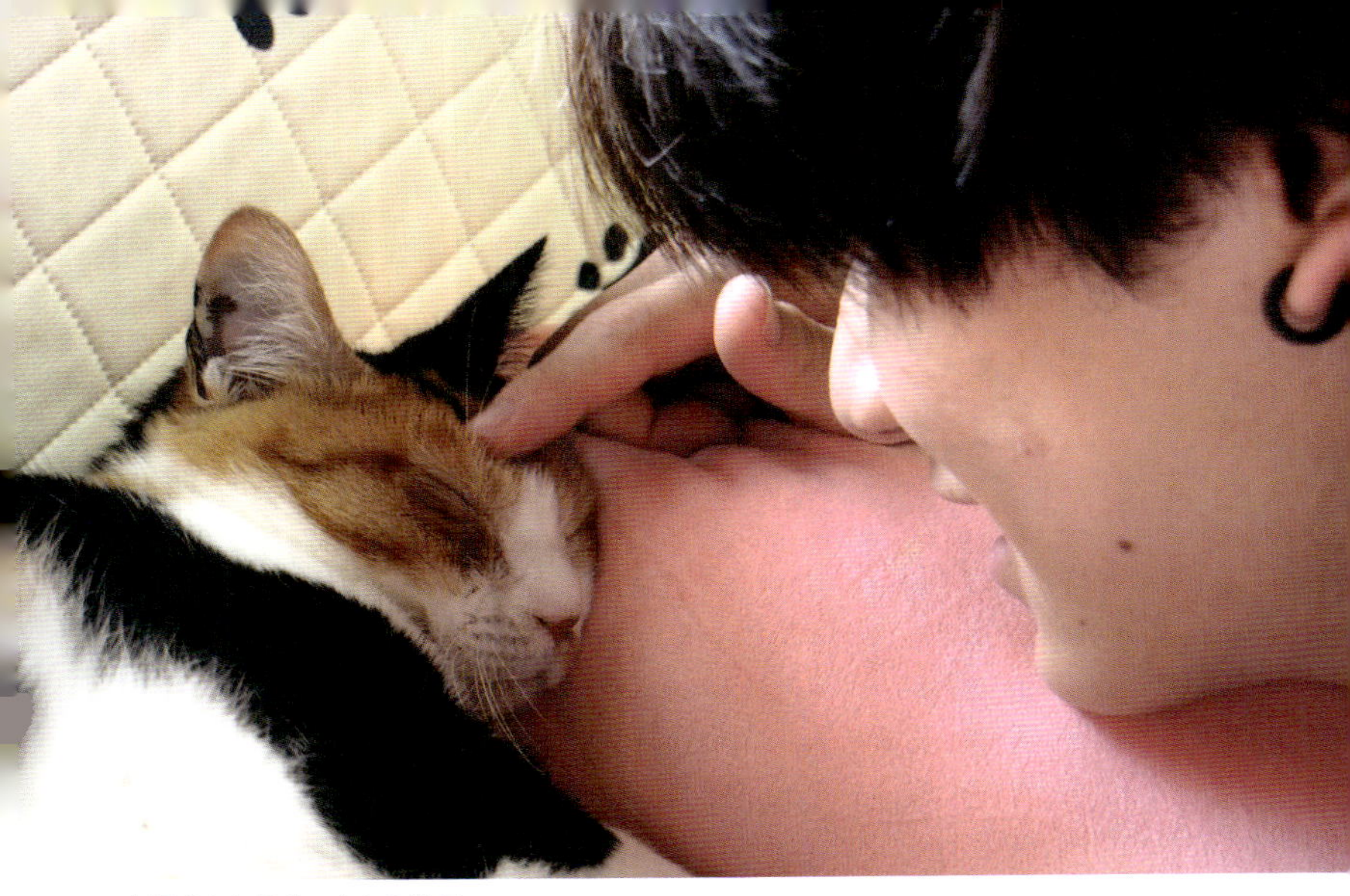
大好きなお兄ちゃんとの休日

ぶつからない工夫があちこちに

11月になれば、こはるがここに来てから2年がたつ。当初は寝たきりが続くかと思われたが、今は楽しそうに遊ぶし、要介助でも口からちゃんと食べている。ここまで回復するとは。こはるは、獣医さんまでも驚かせている。

「事故に遭った猫がいる！」

あの日、2022年11月4日。夜になっても雨はやまなかった。ケイコさんのスマホが鳴る。高校2年の次男からだ。陸上の部活動をしていて、その日は学校帰りに寄るところがあると言っていた。

「お母さん、猫が交通事故に遭ったようなんだけど」

車で20分ほどのバス通りにケイコさんが急ぎ向かうと、道ばたで次男がしゃがみこんでいる。その腕のなかには、上着に包まれた血だらけの猫。ケイコさんは、ぐったりした猫を車内に入れ、近くの獣医に片っ端から電話をかける。

「お金、大丈夫？」「うちではなく、他の病院へ」「かなりかかりますよ」

どこもお金のことしか言わず、すぐ連れてきてと言ってくれない。至近ではないが、実家近くの顔なじみの獣医さんがすぐ診てくれることになった。向かう車内で次男がぽつりと言う。「人間は救急車を呼べるのに」「たくさんの人が、足も止めず通り過ぎていった」

猫は、あごが砕けてずれ、歯が折れ、口と目から出血していた。交通事故で顔面を強打したと思われ、目は光の反応のみ。生体反応に乏しく、死の淵にいた。

時間外の夜の診察室で、獣医師、ケイコさん、立ち会ったケイコさんの母、次男が診察後の瀕死の猫を取り囲んだ。

「気がつくと、おとなたち全員で、『この子、どうする？』とうつむいたままの次男に答えを求めていました。すると、次男は顔をあげて、言ったんです。『僕はこの子を助けたいだけなんだけど』って。ハッとしました。そうだ、『この子、どうする』ではない、助けることだけを考えよう」。ケイコさんはそのときのことをそう振り返る。

手術は困難とのことで、点滴と抗生剤投与をしてもらい、一日おきに通院することとなった。推定5歳くらいとのことだった。

見守り隊ができた！

獣医さんから借りたケージの隅で、猫は痛みに耐えてただうずくまっている。温めてやって「助かれ、助かれ！」と祈ることしかできない。次男は、ケージのそばで、ひと晩を明かした後、学校へ行った。

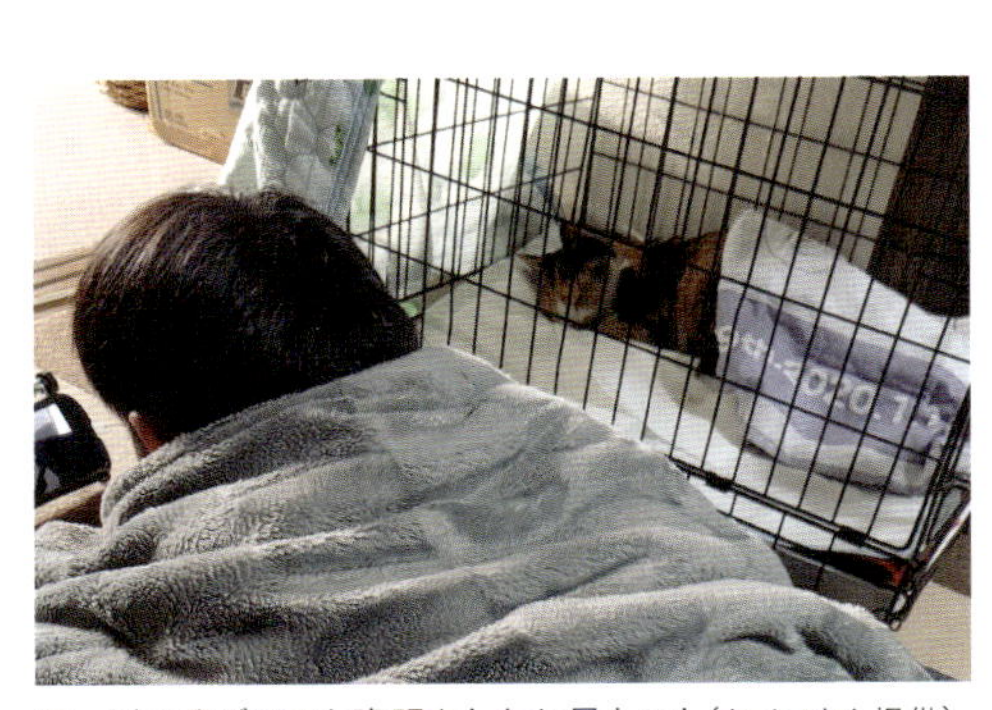

ケージのそばでひと晩明かしたお兄ちゃん（ケイコさん提供）

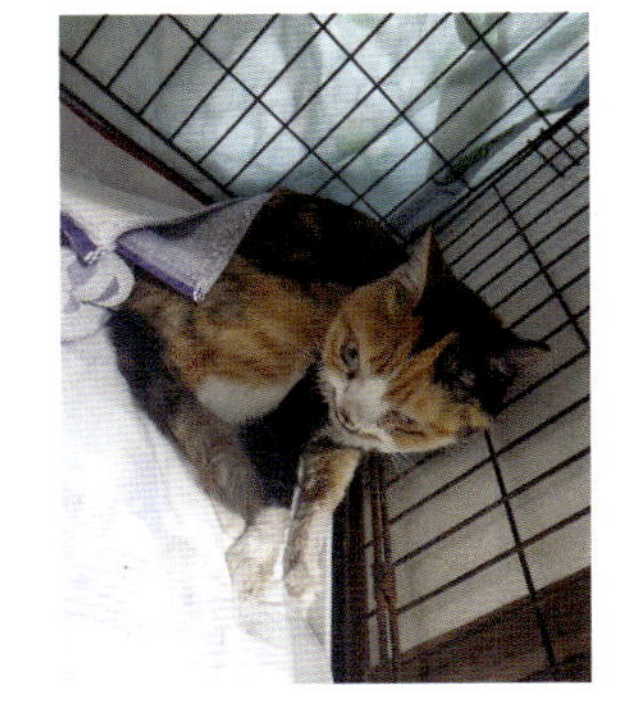

保護後しばらくたって（ケイコさん提供）

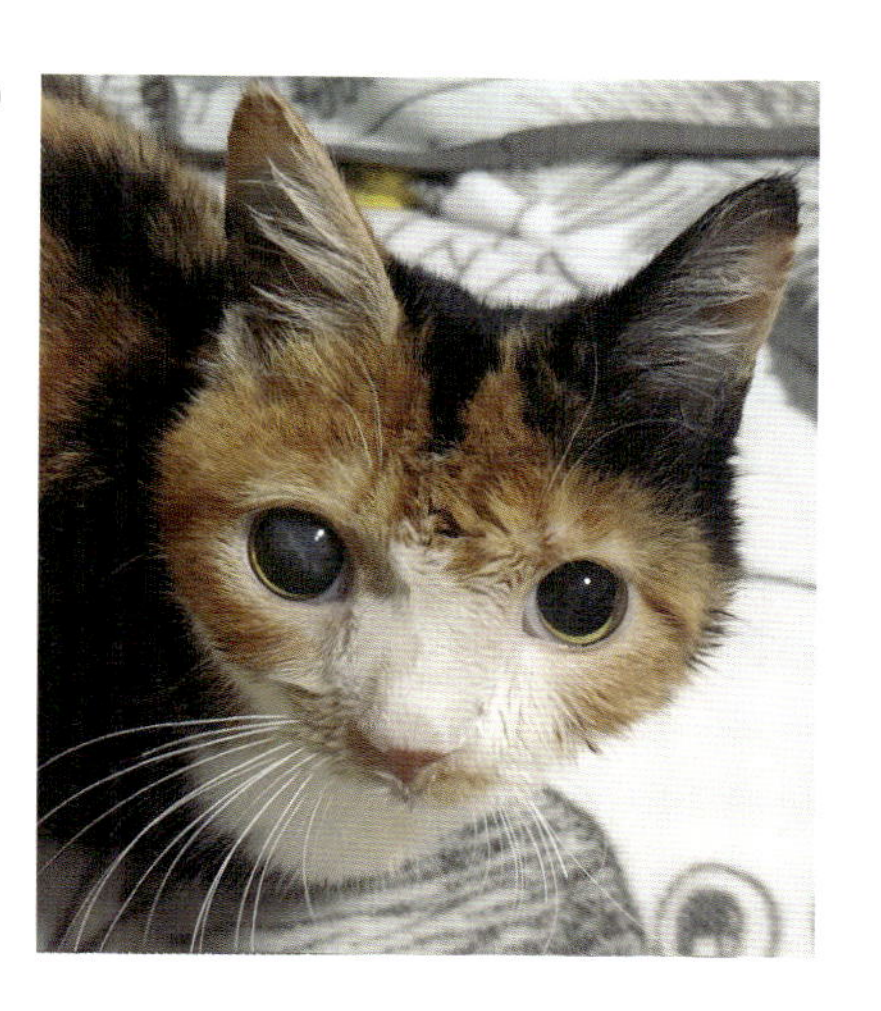

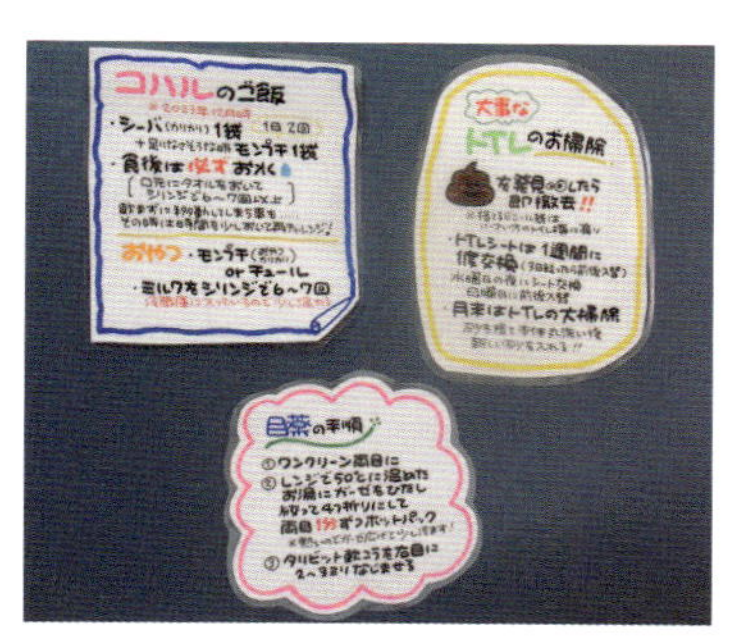

壁に貼ったこはる取扱説明書

お気に入りの窓辺でケイコさんと

猫は、死の淵から引き返した。左目は開かず、右目は充血しているが、少しずつ眠るようになった。1日おきの通院は、見えない身にはどれほどの恐怖だろう、ケージの中で粗相をするが、それも生きてくれていればこそ。警察や保健所などにも届け出たが、飼い主は見つからなかった。

ケイコさん一家は、猫と暮らしたことがなかった。何の知識もなく、無我夢中で重症の猫のお世話を始めたのだった。ケイコさんは保護直後からX（当時はツイッター）で毎日発信を始めた。飼い猫だったのなら、どうか飼い主の目に届くようにと。飼い主が見つかったときには、この子はこんな風に事故後を過ごしていたということも伝えたくて毎日発信を続けた。

トイレのこと、投薬のこと、食事の摂らせ方……寄せられるたくさんの親身なアドバイスを、ケイコさんは、みなノートに記し、役立てた。保護直後はとりあえず「ミケちゃん」と呼んでいたのだが、「来陽（こはる）」という希望に満ちた名を提案してくれたのも、フォロワーのひとりだった。その名を、危機を脱したときにつけた。

こはるの扱いは夫も含め家族共通理解が大切なので、壁には注意書きを貼った。家族がみな不在の折は、結婚している長男が帰ってきて参加してくれた。

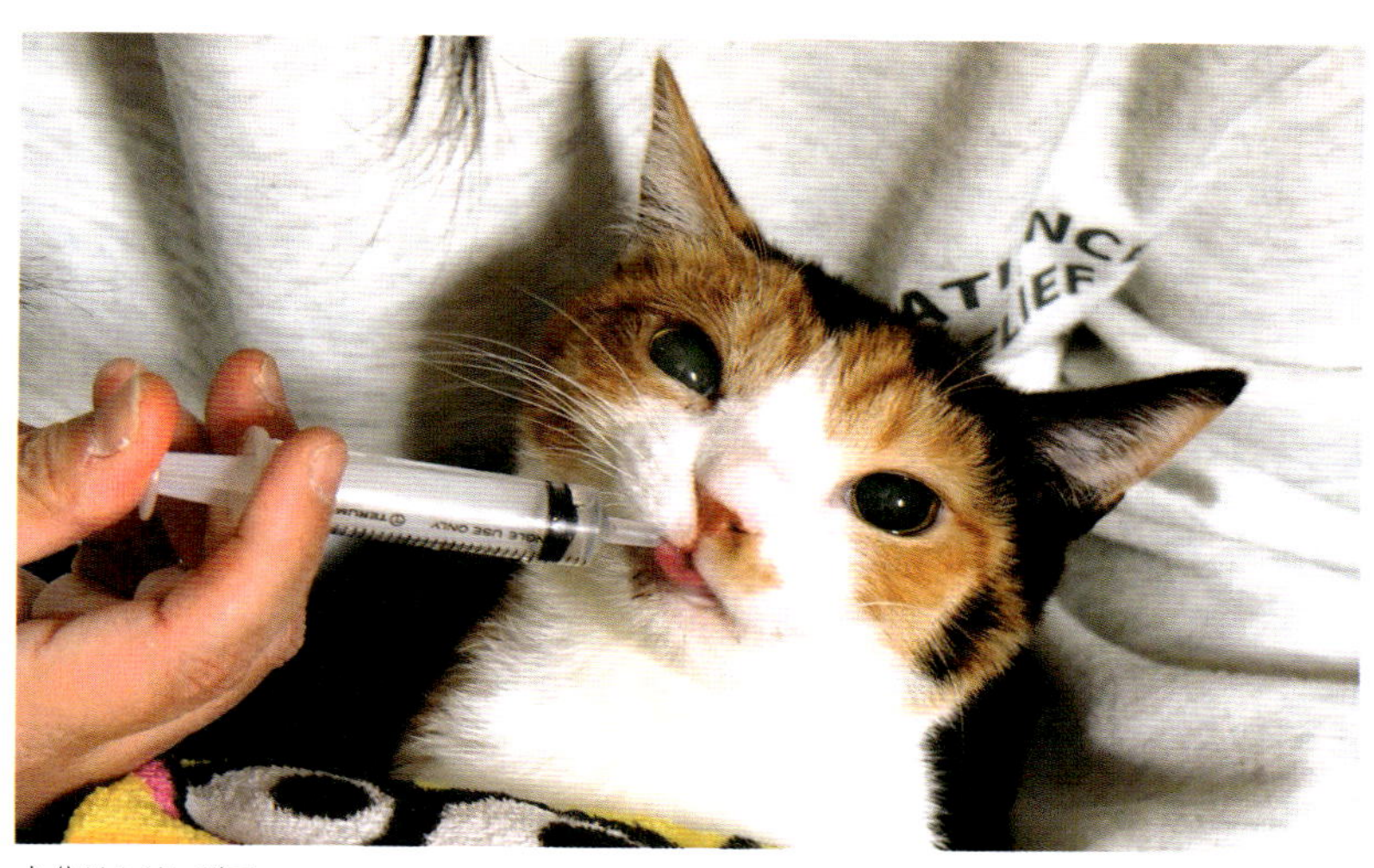
水分はシリンジで

一歩ずつ、できることが増えていく

飼い主が現れないまま3ヶ月がたって、こはるは正式にこの家の子になった。ケイコさんは、Xでの連日の発信を、折々の成長やエピソードを綴る「コハル通信」に切り替えた。寝てばかりだったのが、両目が開き、やがて、恐る恐る家の中を歩き回り、控えめに甘えるようになり、初めての抱っこもさせてくれたときのうれしさ、愛おしさ。

「お世話をするときはこはるの目が見えていないと思ってやり、話しかけるときは、少し見えていると思って話しかけています。次男は、すべて見えていると思って接してます」

去年の7月には、不妊手術も無事終えた。あごには穴が開いたままだし、可動域はやや

広がったもののふつうの猫の半分以下なので、シリンジでの給餌・給水となる。10粒ほどのカリカリをお皿に載せ、「あと6粒だよ」「これでおしまい」などと話しかけながら、口の脇から入れてやる。噛まずとも猫はちゃんと消化でき、栄養になるのだ。

あごの穴を塞ぐ手術は、あごの開かないこはるにはとても難しい。手術の選択は、飼い主の判断となる。今のところ、ケイコさんたちは、こはるの自然治癒力を信じて、一歩一歩の回復を見守る様子見の方針をとっている。

自分で水を飲んでくれたことがあったり、できることは一つずつ確実に増えていく。つい最近は、カリカリを口に入れてやったとき、「カリッ」という音を初めて聞いた。報告するたび、見守り隊から喜びのコメントがたくさん寄せられる。

「大変だったかと問われれば、大変だったと答えるしかありません。でも、それ以上に、こはるはこんなにもしあわせな日々を私たちに運んできてくれました」

春から運動整体の専門学校に進学したお兄ちゃんは、妹に話しかける。「こはる、これからも少しずつできることが増えていったらいいね。急がず、自分のペースでがんばればいいよ」

こはるも、お兄ちゃんが勉学に打ち込めるよう、日々協力している。お兄ちゃんが机に向かって勉強を始めたら、足の甲にあごを載せてくつろぎ、机からしばし離れさせない。骨の仕組みと動きの勉強に役立てようと、自分の手を差し出したりする。

こはるの周りは、春の陽光で満ちている。

きっとこはるには、家族の笑顔が見えている。

全身で愛は感じている、見えている

奇跡の猫 2

建設現場男子たちが「生きろ」と願った子猫

のりしお♂

建設会社の資材置き場に倒れていた子猫は、
妹猫を守り、ズタズタの重傷を負っていた。
病院の診断は「明日までもつかどうか」。
せめて暖かい場所で看取ってやりたいと、
会社は兄妹を事務所に迎え入れる。妹猫は兄のそばを離れず、
見守るみんなはただただ「生きろ」と願った。

tmk_kensetsu　tmk_kensetsu
Facebook：株式会社TMK建設　YouTube：ほな行くでぇチャンネル

虫の息の子猫

「子猫が資材置き場に倒れている！」

そんな緊急連絡が、由香さんのもとに入ったのは、会社が休みの日曜日のことだった。由香さんは、三重県にあるＴＭＫ建設の事務所で広報を担当している。「事務所の中で温めておいて」と伝えて駆けつけると、最近敷地内で見かけるようになった幼い兄妹猫がそこにいた。いつも妹をかばっていた兄猫がうつろな目をして横たわり、ブルブルと震えている。妹は不安げにくっついている。ひと目見て、これは助からないかもと思った。体に無数の咬み痕があったのだ。

休日でも診てくれる病院を必死で探し、担ぎ込んだ。「治る見込みは非常に薄く、今日明日で息を引きとる可能性が高いから、入院はすすめない」と言われる。「せめて最期は、暖かい場所で兄妹一緒に過ごさせたい」との思い

保護した由香さん（TMK建設提供）

外猫時代の兄妹（TMK建設提供）

動けない兄のそばを離れない妹（TMK建設提供）

を、由香さんは奥地(おくじ)社長に伝え、了解を得た。

後から人に聞いた話では、兄妹は大きな猫に追いかけられていて、妹を守った兄猫が咬まれていたという。

左前脚だけで歩いた！

とにかく名前を付けてやらねばと、兄妹には「のりしお」「うすしお」という名が付いた。会社には、事務所猫が2匹いた。社員の親睦のために迎えた「かつお」と「たまこ」の兄妹だ。性格ハナマルの2匹は、動けないのりしおを遠くからそっと見守る態勢でいてくれた。

ぐったりと横たわるのりしおだったが、「生きたい！」という必死な気持ちは全身から伝わってくる。建設作業の現場男子たちは交替で事務所に泊まり込み、お世話をする。

2日目、のりしおは首をもたげて、ご飯を食べた。3日目、生気が出てきた。その夜、体を起こそうとするのりしおを、「がんばれ、がんばれ」と、みんなで応援する。

4日目、上半身を起こした。近くにいたうすしおが「お兄ちゃん！」とばかり駆け

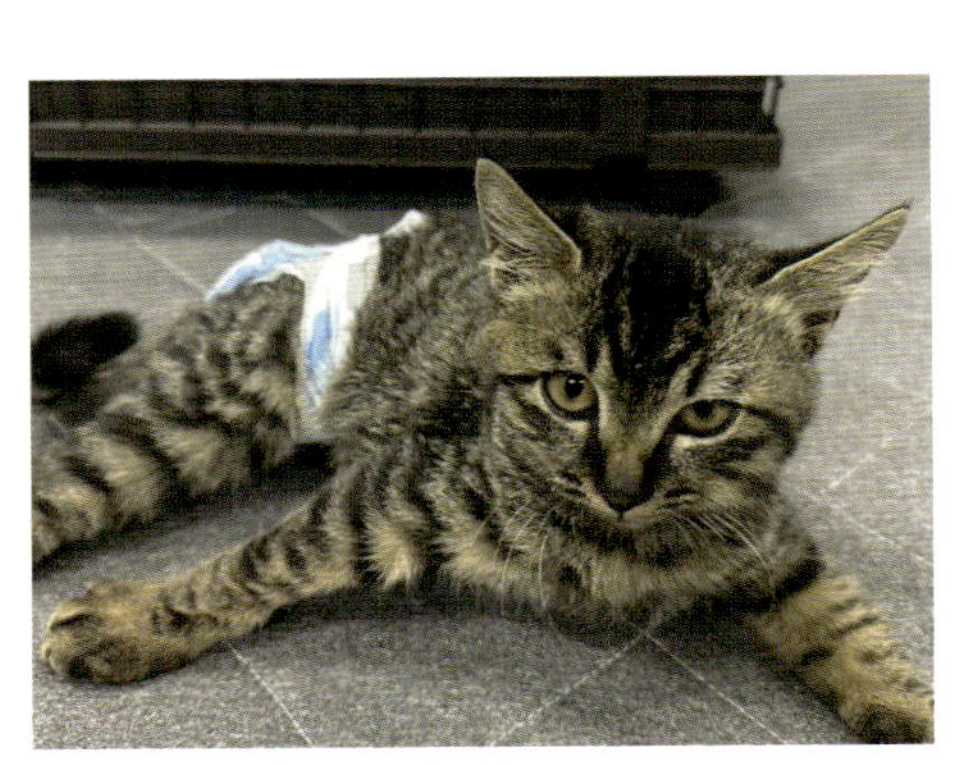
保護して5日目（TMK建設提供）

寄った。立とうとがんばるのりしおのために、現場男子たちが、ラオウ人形やらの応援グッズを買ってきて置いてやる。
5日目、オムツで、ケージから外へ。大声で「お腹すいた！」の催促も。

のりしおは、体じゅうを咬まれたため、両後ろ脚と右前脚が麻痺していた。6日目、使える左前脚だけで這うように歩いた。うすしおがうれしそうに付き添う。

妹が兄を支える

「奇跡よ、起これ」の思いが、ふだんから仲のいい社長や社員たちをいっそう結束させた。毎日マッサージをした効果もあって、10日目ののりしおは、両後ろ脚

大きくなってもお兄ちゃん(奥)を守る妹

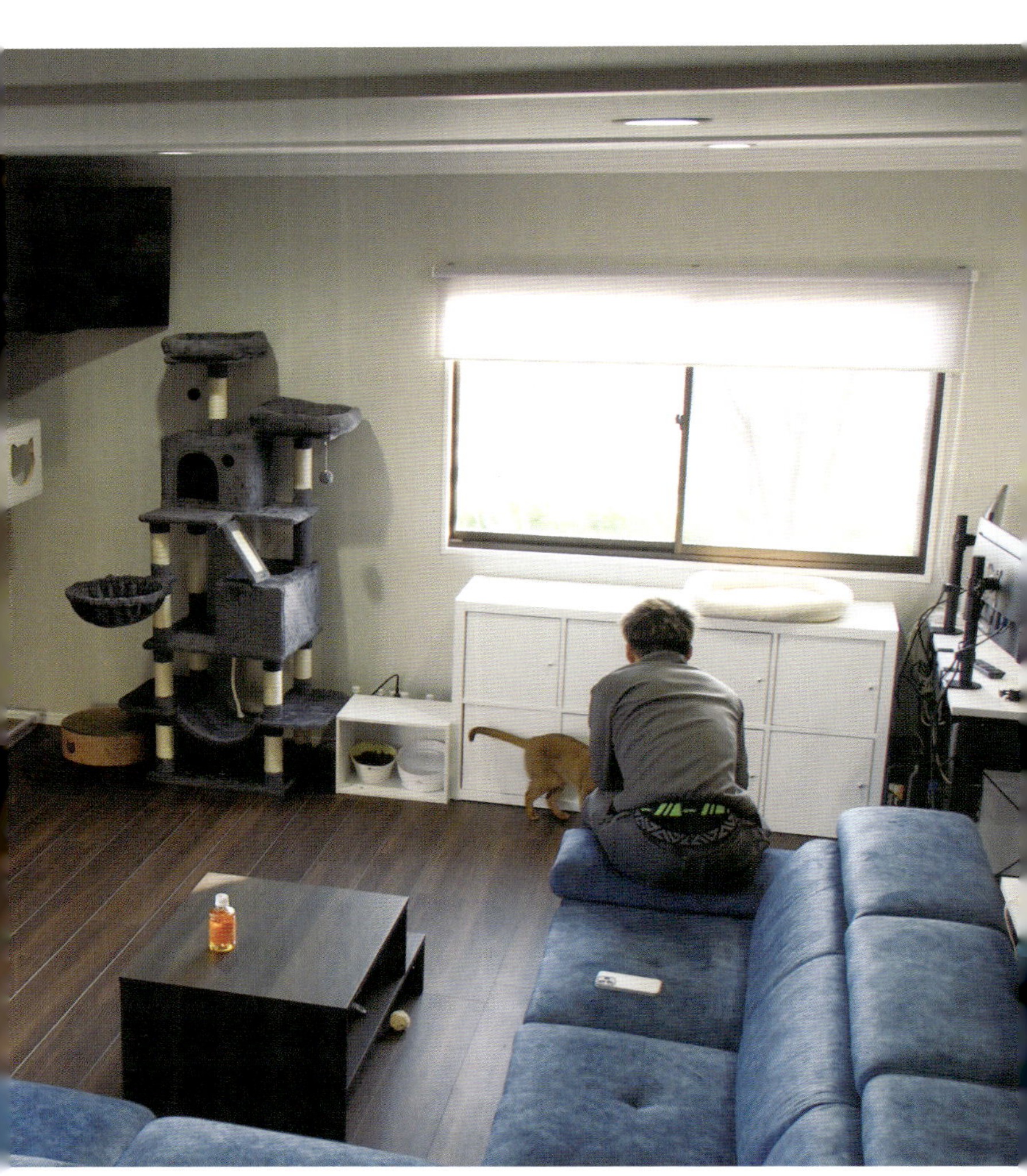

新事務所は猫ファースト

が少し動かせるようになり、自力で座れた。オムツを外して、トイレにも行き、「できたよ〜」と鳴いて知らせる。

ノラ時代は、のりしおにいつも守ってもらっていたうすしおの体格がいつしか兄を超え、あれやこれや兄のお世話を引き受けている。兄が転べばすぐに駆け寄り、かいがいしく毛づくろいをする。妹のプロレス特訓によるリハビリ効果もあって、のりしおの回復は獣医さんも驚かせた。

「くっついて一緒に寝とるわ、兄妹やのう」「オレも隣に寝ていいいか」と、現場男子たちの可愛がり方も半端ない。

４週目になると、のりしおはよちよちと歩き出した。「おお、歩いとる、歩いとる！」と男たちの歓喜の声が包む。インスタのコメント欄は、見守ってくれているフォロワーからの「愛の力ですね！」という祝福にあふれた。

猫にやさしい新事務所

猫たちにとって安全で楽しい新事務所を敷地内に建てよう。奥地社長はそう決めた。年末にプロジェクトは動き出す。建設会社だから、みんなで力を合わせれば、あっという間だ。

新事務所には、もう１匹迎えたい猫がいた。のりしおたちのお母さんである。「ぽち」と名付けたその猫は、保護されたわが子たちをガラス戸越しに見に、事務所に毎日通ってきていた。だが、バリバリのノラで、手なずけるのに四苦八苦していたのだった。引っ越し直前に、大暴れするぽちをようやく保護し、「みんなで暮らそうね」と言い含めた。

３月に完成した新事務所には、あたりを見渡せる大きな窓があって、キャットウォークやキャットタワーも充実。猫たちは１階と２階を自由に行き来できる。その新事務所に引っ越し間もない朝、思いもかけぬドラマが社員たちを待ち受けていた。

しっかりした顔つきになったのりしお

ぽちが2匹の子を産み、しあわせそうに授乳していたのである。
近く手術予定だったのだが、保護時にすでに身ごもっていたのだ。「長毛だったので、まるきり誰も気づかず、『最近、ぽち、太っ

ぽち母さんに再び甘える日々（TMK建設提供）

たね』なんて話していたんです」と由香さん。「こうなったら、譲渡先は探さず、しっかり面倒を見よう」と社長は腹を決める。「おう、猫のためにバンバン稼ぎましょう！」と現場男子の意気も上がる一方だ。

今日も、みんなでしあわせ

今、のりしおは、ファミリーややさしい先住猫たちと共に穏やかに元気に暮らしている。麻痺の後遺症といえば、歩くときにややスローモーションということと、左目が小さめで瞬きがしにくいことくらいだ。パッと見たら、うすしおとの区別はつかない。階段もキャットタワーもタタタタタと上る。ぽち母さんは、小

「お疲れ」と出迎えるたまこ

懐が深い社長

光の中を歩いていく

さな弟たちと分け隔てなく甘えさせてくれるし、かつお・たまこ先輩もやさしい。

夕暮れどき、仕事を終えた男たちが今日も事務所に集まってくる。みんなの第一声は猫たちへの「ただいま〜」だ。翔貴さんは「猫も増えて、最高の会社」と目尻を下げる。マナトさんは、のりしおの顔を覗き込んでいる。「いつも『うい〜（ただいま）』『うい〜（お疲れ）』って語りあってます。それで、オレら、通じるんで」とデレデレだ。

大ベテランの「とっちゃん」こと平野さんは、ぽちの子育てケージの前に座り込んで話しかけている。「ええのう、ようけ食って、親子みんなで暮らせてのう」

7匹の大ファミリーとなった猫たちのトイレの交換は平野さんが率先してやっている。休日のお世話は社長も含むみんなで持ち回りだ。じつは社長は猫アレルギーだったのだが、気がつくと治っていた。由香さんは、せっせとしあわせ動画をSNSでアップしている。直幸さんがよく事務所に泊るのは、猫と一緒にいたいからだ。マナトさんの猫絵を原画としたTシャツ販売など、猫たちのためのチャリティー活動もみんなで始めた。

のりしおの奇跡は起きた。「生きる」というのりしおの思いと、「生きろ」というみんなの思いが熱く呼応してこその、愛の奇跡だった。

奇跡の猫 *3*

路地猫として28歳まで
楽しくお達者に生きた

ピーちゃん♀

公園生まれの黒猫ピーちゃんは、
何度も家猫にと勧誘されたが、頑として、路地で自由に生き、
みんなから可愛がられる猫生を選んだ。
28歳を迎えた春まで、その意志は尊重された。
よく晴れた4月の朝、
ピーちゃんはスタスタと天国への階段を上っていった。

「おばちゃん、おはよう」「ピーちゃん、今日も可愛いね」

新宿生まれ、新宿育ち

ピーちゃんは、新宿区にある公園の管理事務所脇の階段の下で生まれた。1996年春のことだ。この頃、公園にはたくさんの猫が住みついていた。元はと言えば、近くの大きな宿舎が解体されたときに置いていかれた猫たちが増えたのだった。そんな猫たちをお世話する「絆の会」というグループのおかげで、猫たちはねぐらにもご飯にも不自由しなかった。ピーちゃんきょうだいは、管理事務所の階段を遊び場として育った。

ケガをしたり、病気になったり、外では暮らせなくなった猫たちは、絆の会の松井さん宅に迎えられた。会による不妊手術の徹底もあって、公園猫の数は次第に減っていく。管理のほうはだんだん厳しくなって、常設だった段ボールベッドは日中は設置ができなくなり、夜だけとなった。

ピーちゃんたち黒猫3姉妹は、大きくなっても同じエリアでずっと行動を共にしていた。そのうちピーちゃんだけが、ご飯を運ぶ松井さんの後追いをして路地まで足を延ばすようになり、中村さん宅の屋根付きガレージが気に入って居ついてしまう。松井さんは、ピーちゃんのために雨風を防げるハウスをガレージ内に置かせてもらい、ご飯もそこに運んだ。ガレージの一角は、「ピーちゃん城」となる。

「おうちに入ろう」「絶対いや！」

公園には、2匹の姉妹がそのまま暮らしていたが、1匹は25歳で旅立った。残る黒猫は、ピーちゃんにそっくりだがよく鳴くので「鳴きピーちゃん」と呼ばれていた。路地暮らしのピーちゃ

公園時代のピーちゃん（松井さん提供）

んも公園暮らしの鳴きピーちゃんもお達者だが、いくらお達者でも25歳過ぎの外暮らしは潮どきだ。そう考えた松井さんは、2匹共に家の中に迎えた。

鳴きピーちゃんは、すんなりと家猫暮らしになじんだ。ところが、ピーちゃんは、「外へ出せ〜、外に出せ〜」と、大声で鳴き続けてきかない。根負けして、松井さんが外に出してやると、意気揚々路地を闊歩するのだった。

何度家の中に入れても、3時間が限度だった。自分のお城を持った彼女には、他の保護猫もいる共同生活が、どうにも性に合わないのだ。それなら、元気なうちはと、ピーちゃんは路地猫に戻された。

この町内の外猫は、みな手術済みだから、出産も抗争もない。そして、ご町内ほとんどが猫好きで、ピーちゃんも居心地がいい。この環境を作るまでには、松井さんや中村さんたちによる、町内ぐるみでの見守り体制の確立へのたゆまぬ努力があった。

町内会役員として絆の会の活動をサポートする中村さんは、「猫のことで、困っている」という声が耳に入れば、すぐにみんなに声をかけ、外猫たちを巡る相談会を開いてきた。たとえば、「庭に入って糞尿をしていく」という苦情があれば、都の公園課、区役所や保健所の外猫担当者、そして当事者が問題解決のための話し合いの場を

持つ。中村さんは、町内会の担当としての参加だ。心おきなく話し合い、外猫のお世話をする側はトイレ場所をちゃんと確保する一方、苦情側は猫が入りにくい対策を教えてもらって実行するなど、お互いが前向きに解決策を探るのだ。

「問題に蓋をせず、オープンにフランクに。住民が仲良くすることが、猫たちの暮らしやすさと安全にもなる」と、中村さんは言う。そうすることで、猫問題は引きずらず根を持たず、見守りの輪を広げていった。

そんなご町内で過ごすピーちゃんにストレスはない。あるのは食欲と元気と人気だ。

スタスタと歩く足取りは軽く、目ヂカラもなかなか。小柄なので、遠目には若い猫に見えるかもしれないが、近寄れば、白髪がずいぶん増えてきたので「もう若くはない」とわかる。だが、脚も腰も曲がっていないこの猫が、超高齢とは、初めて会う人は思いもよらないであろう。

もちろんこの界隈の人たちにお歳は知れ渡っている。ピーちゃんが路地を歩けば、通りかかった人から声がかかる。

「あら、ピーちゃん、今日はお天気でご機嫌さんだねえ」

「ピーちゃんは、いつ見ても可愛いね！」

「おや、写真撮ってもらっていいねえ」

みゃあ。ピーちゃんは、じつに可愛らしい甘え声で、お返事をする。松井さんいわく「彼女は天性の人たらし」

ピーちゃんが、健診以外で主治医にお世話になったのは、2度。最初は公園時

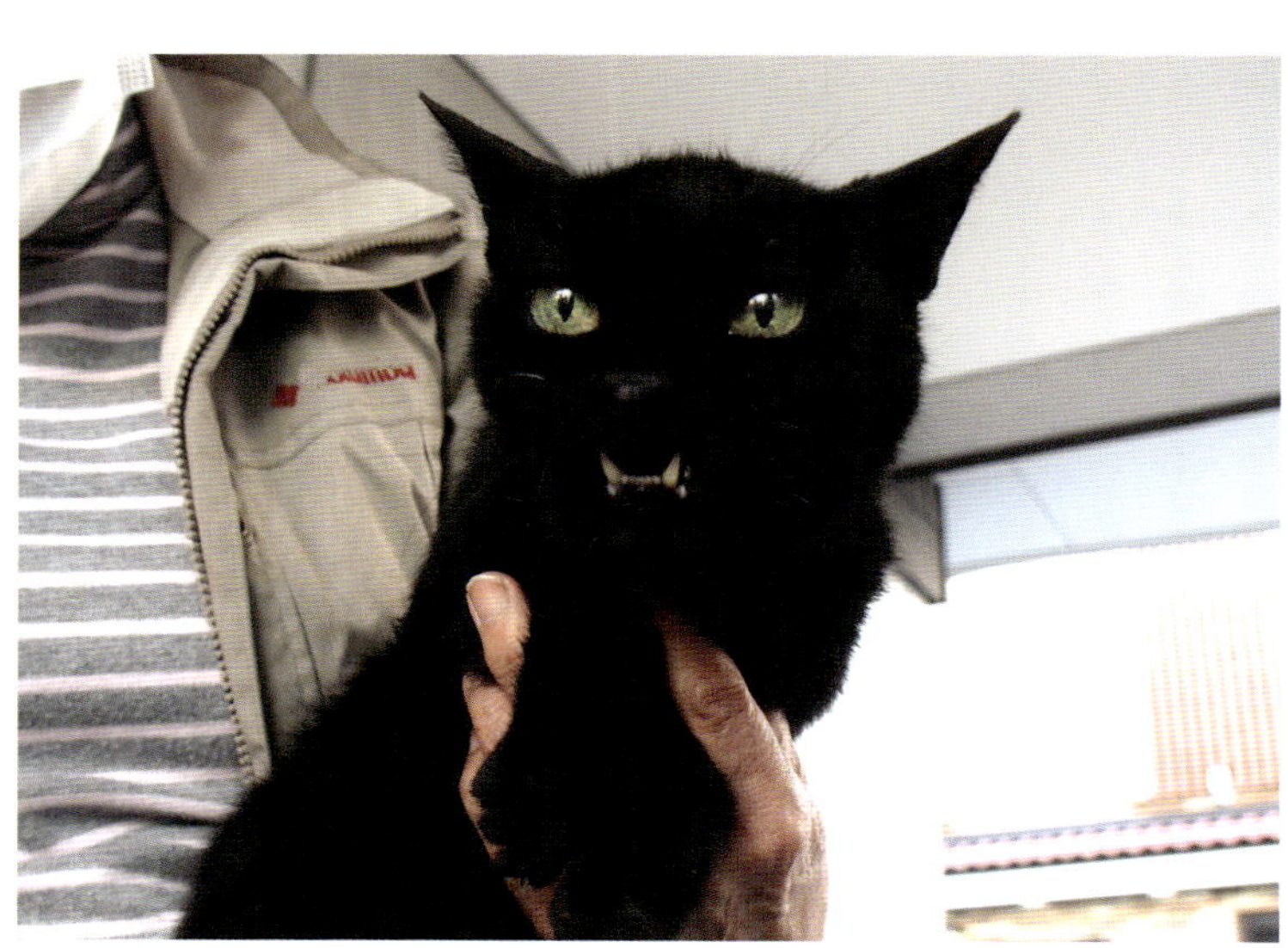

奥歯以外はみんなある

代に高所から飛び降りて前脚を骨折。3本のプレートが入っているが、手術をしたのは右か左かわからないくらい、スタスタと歩く。

2度目は、27歳になった夏のこと。奥歯の根元が膿んでしまい、ものが食べられなくなった。高齢猫に麻酔は危険だが、このままでは衰弱してしまう。「やってみましょう」と、先生は全身麻酔の抜歯を提案した。手術後目が覚めたピーちゃんは、点滴の管を力任せに全部引っこ抜いた。「こんなに元気なら、入院の必要なし」と言われて即退院、再び食欲モリモリとなった。


2023年、27歳半ばで、家猫になっていた「鳴きピーちゃん」の寿命が尽きた。年が明け、ピーちゃんは、春になれば28歳というお正月をめでたく迎えた。「ピーちゃん、今年もよろしくね」と松井さんからおいしいマグロのお刺身をもらい、ご機嫌だった。

その頃では、寒くなりそうな日や雨風の日には、ピーちゃんは松井家に入れられ、少しずつ滞在時間を長くして、家猫にしていく準備が進められていた。だが、相変わらず外に出たがるので、「元気なうちは、気が済むまで好きな路地暮らしを楽しめばいいよ」と、臨機応変に松井さんたちは構えていた。

むしゃむしゃ。抜歯後、食欲モリモリ回復！

縄張りを通る犬をひとにらみ

肝が据わっていながら、愛らしかった

めでたく28歳となった4月の晴れた朝、ピーちゃんは、松井さん宅のふかふかベッドから起きてこなかった。朝ご飯をねだることも、路地へ出たがることもしなかった。ピーちゃんは寝ぼけまなこで、天国への階段をうっかり間違えて上って行ってしまったようだった。

小さな箱に入ったピーちゃんは、路地にお別れをして回った。

ピーちゃんを可愛いがっていた路地の人たちは「ピーちゃん、長いことありがとう」と言って、彼女と握手をした。その手はまだ柔らかく、小さく、愛らしく、子猫のようだった。

路地猫として28歳はまさにキセキ

奇跡の猫 4

威厳と慈愛で野犬の子たちを束ねるボス猫

コタロウ♂

「野犬の子」と呼ばれていた犬たちや
捨て猫たちを預かる個人シェルターは、今日もにぎやか。
犬猫を束ねる長は、元捨て猫のコタロウだ。
子猫を育て、子犬の遊び相手にもなり、老犬に寄り添ってきた。
子犬たちのやんちゃが行き過ぎるときは眼力一つでしつける彼は、
みんなの敬愛の的である。

---

homeforpaws_amgjp　WEBサイトまとめ：http://lit.link/home4paws

押し寄せる元野犬たちに全くたじろがない、この風格（紗由里さん提供）

いつもみんなの真ん中に

「home for paws（ホームフォーパウズ）」は、紗由里さんの個人シェルターだ。譲渡までを預かる犬は、元野犬、もしくは野犬の母親から生まれた子である。保護した猫たちもまじえ、仲良く共同生活を送っている。

常時10匹近くいるという野犬の子のパワーはすさまじい。シェルターの訪問者はあっという間に、子犬とは思えぬ力でもみくしゃにされる。

ワシャワシャとはしゃぐ彼らを、一段高い段の上から眼光鋭く見渡す、焦げ茶色のりりしい長毛猫がいる。シェルター長のコタロウだ。けっして大きくはない体一つでパワフルな犬たちを統率できるのは、彼が一身に「敬愛」を集めているからだ。

「犬たちにとって私は寮母さん的存在。でも、コタロウはここのれっきとしたリーダーでありボスであり、シェルター長です。みんなコタロウを怒らせたら大変だと思ってる。でも、大好きだから遊んでほしい。で、のべつみんなして寄っていくんです」と、紗由里さんは笑う。

やんちゃな子猫時代

コタロウは、紗由里さんの友人に茨城県で保護された猫だ。公園の自転車置き場に、段ボールに入れられてきょうだい3匹で捨てられていた。友人宅のチワワのショコラ父さんに愛情深く育てられたコタロウを、紗由里さんが迎えたのは、2016年の9月。いつも野犬の保護活動を手伝ってくれている息子たちも賛成してくれて、初めて迎える猫だった。

だが、やってきた夜に一緒に寝た次男の布団におしっこを盛大にしたり、長男の制服にうんちを隠したりと、いろいろやらかす猫だった。

「最初からデキたリーダーではなかった。次々と新入りが来て、どんどん落ち着

保護された家では犬と育った（紗由里さん提供）

初代リーダーこのはの介護（紗由里さん提供）

シェルター内を見渡す

いた頼れるリーダーになっていって、もうびっくりです」と、次男くんは感慨深げだ。

シェルターには、週替わりのごとく、卒業しては、新入りが入ってくる。1年間で送り出す犬猫は40匹前後にもなるという。

初代から役を受け継ぐ

動物の共同生活で、いいリーダーがいることは必須だ。シェルターを始めるきっかけとなり、初代リーダーとなってくれたのは、センターの最終部屋にいた柴犬の「このは」だった。彼女の老年期に、シェルターにやってきた初めての猫であるコタロウを、このはは慈しんで育てた。このはが亡くなる直前まで、コタロウは添い寝をして介護を尽くした。

このはからシェルター長を引き継いだコタ

ロウは、天職とばかり、みごとな働きぶりを発揮する。威厳があるが威張らず、分け隔てもないので、野犬の子たちが一目置くのだ。センターにいた柴犬の「こみみ」がやってきてからは、リーダーはふたり体制となったが、毅然たるシェルター長としての貫禄はコタロウだけのものだ。

厳しいしつけも

コタロウは、シェルターとしている居間のある1階と、2階とを自由に行き来している。ゆっくり寝たいときは次男の部屋などにいるが、たいていは、犬たちの真ん中でどっしり構えている。周りがどんなに騒がしくとも、全く動じない。

多少の無礼は許す

しでかした犬を、三毛助手と共に説諭中(紗由里さん提供)

「どんな犬が来ても猫が入って来ても、すべて受け入れますね。子猫が来たら、遊び相手も添い寝もします。犬も猫も相手が小さいうちは高いところから垂らしたシッポを揺らして遊ばせてやります。子犬が甘噛みして遊んでも全然怒りません」と、紗由里さん。

ところが、卒業までの教育も請け負うシェルター長の面目躍如たるところは、子犬たちに「行き過ぎ」があった場合だ。痛いほど噛むと、「いい加減にしなさい」「それ以上やると怒るよ」と、にらみつける。その眼力だけで、相手は目を伏せる。机の上の食べ物を取ろうとするなどのお行儀の悪いときも同様だ。

高い座にいて、下のほうで犬たちのふざけが過熱しすぎて一触即発になりそうなときがある。雲行きを察したコタロウは、悠然とし

かまってかまって犬をたしなめる

て真ん中に降臨する。一瞬にして座を鎮め、「ボス、遊んで、遊んで」と追いかけられる役を買って出るのだ。

「犬猫の種を超えて新入りを可愛がり、教育し、愛情を循環させていく。本当にすごいと思います」と、紗由里さんも日々感動の連続だ。

次期ボス育成中

「犬を飼っているけれど、猫も迎えたい」「猫を飼っているけれど犬も迎えたい」という家庭への譲渡はとてもスムーズだ。ここでの犬猫共同生活を経た犬たちは、猫への手加減や愛情表現を覚える。猫たちは、犬にフレンドリーになり、警戒心を持たない。コタロウがツボをしっかり押さえて、叩き込んでいるか

オウジロウ（左）を3代目ボスに育成中（紗由里さん提供）

らだろう。
　コタロウは、人間にもやさしい。
「気持ちが落ち込むときは、コタロウがそっとそばに来て寄り添ってくれるんです。フミフミマッサージで心地よい眠りにいざなってもくれるし」と、次男くん。
　そんな「理想のボス」コタロウも、8歳を超える。子猫のときから面倒を見て、フレンドリーで穏やかなオトコに育った長毛オウジロウを後継ボスと定めたようで、その育成に余念がない。

人間家族には甘えんぼ

奇跡の猫 5

両前脚を失っても、
自分で何でもやってのける

ラブ♀

TNR※のための捕獲器に入っていた子猫は、両前脚がちぎれていた。
違法トラバサミにかかったものと思われる。
獣医師はいったんは安楽死を口にしたものの、
「生かしてやりたい」とのみんなの強い思いが集まって、
両肩からの断脚手術を決断。
全面的な介助が必要と思われた子猫だったが……。

※TNR…野良猫の繁殖を抑えるために、猫を捕まえて(Trap)、
不妊手術(Neuter)を行い、元の場所に戻す(Return)活動

---

namegata.rin_harness

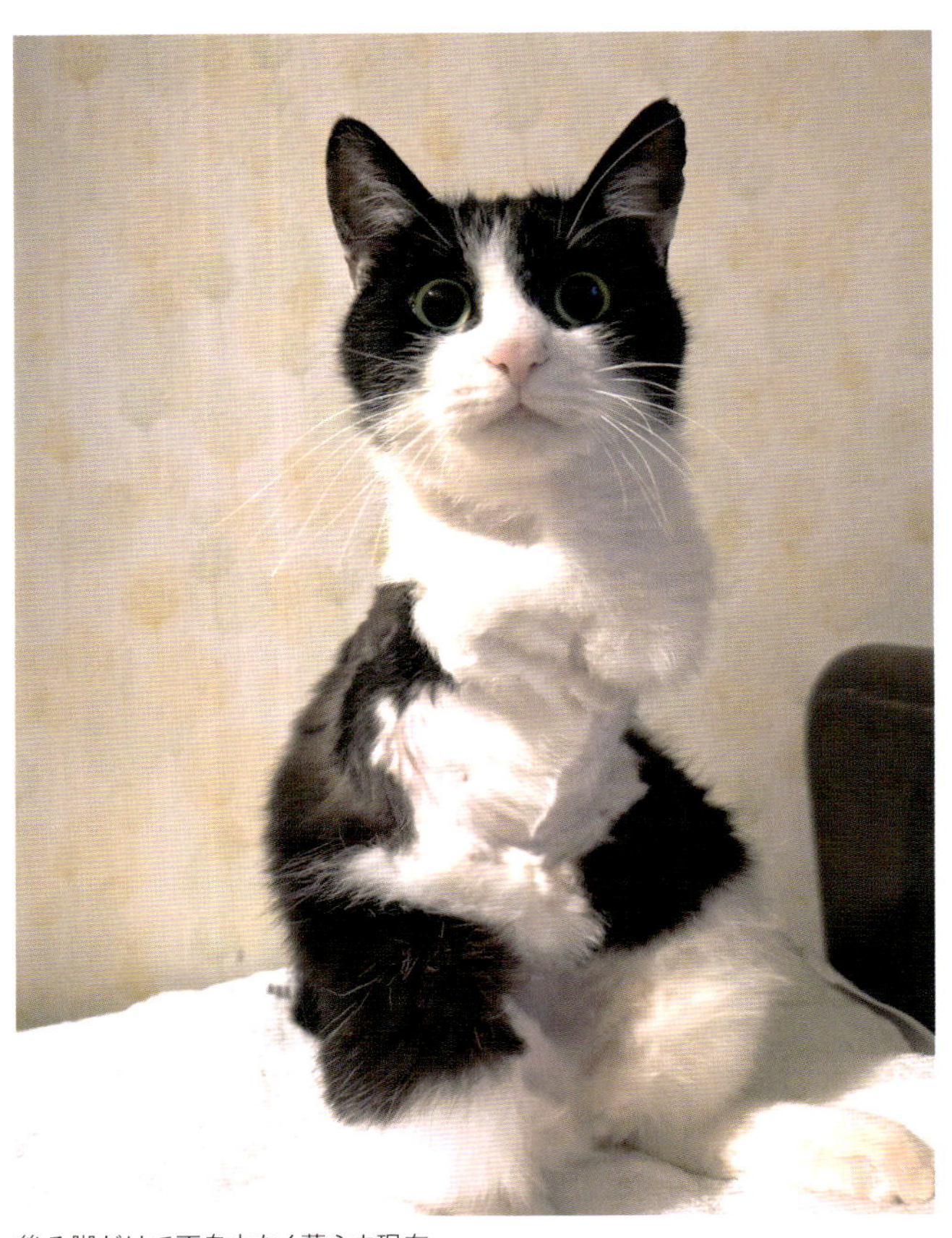
後ろ脚だけで不自由なく暮らす現在

ふつうの猫と変わらない

窓から青い空が見渡せる部屋で、ラブちゃんは、3人の女性の笑顔に囲まれていた。みな、口々に「ここまで自分で何でもできるようになるなんて」「ラブちゃん、がんばったね」と、ラブちゃんの今を祝福する。

ここは、茨城県の田畑が広がる地域。ラブちゃんの預かり主の成井さんの家である。断脚手術の執刀医の一人である満川映美子先生も、最初に側溝にいるラブちゃんを見つけて、成井さんが所属する保護団体のインスタに連絡を入れてくれた山下さんもいる。

ラブちゃんは、利発そうな意志ある瞳

左から成井さん、満川先生、山下さん

と、先が丸まったカギしっぽの持ち主である。一見、どこででも見かける平和な、猫が前脚を胸にしまい込む「香箱座り」風景。ラブちゃんにはしまい込む前脚がもうないけれど、この上なく平和な風景に変わりない。

3人の胸には、初めてラブちゃんを目の前にしたときの、あの衝撃がまだ生々しく残る。でも、ラブちゃんは今、元気いっぱい。ついさっきまで、お気に入りの出窓で、青い空を眺めながらひなたぼっこをたっぷりとしたところだ。自分の脚で歩いて、段差をよいしょっと乗り越えて。

そんなラブちゃんを見て、「早まって安楽死させなくてよかった」と、満川先生はつくづく思う。初めて会ったときは、両前脚を失くした猫の生活は「苦痛と、できないことだらけ」としか思えなかった。猫の底力が、ここまでなんて！

側溝に子猫がいる！

2月の寒い朝だった。市内で保護譲渡活動をしている保護団体に、「湖岸の休憩所の側溝に子猫がいる」と知らせが入った。メンバーの中で現地近くに住む成井さんが行ってみたが、側溝の奥に隠れてしまった。生後半年くらいのようなので、ＴＮＲを念頭に、毎日フードを置いて不妊手術の予約をしておく。3日後、発見者の山下さんから「ケガをしているようだ」との連絡。この3日間に負ったケガのようだが、側溝奥に潜んでいるのでどの程度のケガか確認できない。

さらに3日後。TNRのための手術予約当日の朝、猫は捕獲器に入っていた。なんということだろう、前脚の片方は半分ちぎれ、もう片方の半分は皮一枚でつながっているだけではないか。どれほどの痛みと恐怖を味わい、どれほどのひもじさに耐え、どうやって捕獲器に入ったのだろうか。

猫は、すぐにTNR専門の満川先生のもとに運び込まれた。トラバサミにかかった両前脚を自ら必死で引き抜いたためにひきちぎれたと思われた。農作物を食い荒らすイノシシなどの害獣指定動物を駆除するために仕掛ける「トラバサミ」の使用は、現在では違法である。

この子はもう外では生きていけない。預かり手があっても、その介護負担は大変なものとなるだろう。両後ろ脚欠損なら前脚で這って暮らせるだろうが、両前脚欠損では、歩くことはもちろん、食事も排泄も自分でできるはずがない。

そう考えた満川先生は「安楽死」という選択肢のあることを保護団体に告げた。会としても、手いっぱいの預かりボラの負担を考えると、安楽死やむなしと考えた。

「手術をやってみましょう!」

満川先生の病院は、TNR専門なので、安楽死の薬剤はない。日頃から連携をとっている先輩獣医師たちにラインで相談をした。犬猫の殺処分ゼロという志を同じくする齊藤朋子先生や黒澤理紗先生たちと真剣に話し合っているうちに「安楽死はいつでもできる。せっかく救われた命。断脚手術をやってみては」という方向へみんなの思いは向かった。壊死した部分が細菌感染しないためには、肩からの断脚となる。

預かりを引き受けた成井さんは、断脚手術を満川先生から打診され、泣きそうになった。

バランス取るのはお手のもの。猫だもの

「うれしくって、うれしくって。私の頭には、安楽死という考えが浮かんだことは一度もありませんでした。発見してくれた山下さんも同じですが、ただただ、この子に生きているしあわせを少しでも感じてほしかった」

新しい自分のからだで

肩からの両前脚切断は、手術経験豊富な齊藤先生の指示と協力の下に満川先生が行い、無事終了。術後に少し体調を崩したため、成井さん宅からほど近い設備の整った病院への通院となった。満川先生は、手術内容や手術後に使った薬の種類や量など、事細かに申し送り書面に記してくださった。

「一匹の保護猫に注ぐ先生方の思いと連携に、感激しました」と、成井さんは目を潤ませる。

猫は「ラブ」と名付けられ、このままケージ暮らしが続くものと、成井さんは思っていたのだが……。

なんと、術後ほどなく後ろ脚で立ち上が

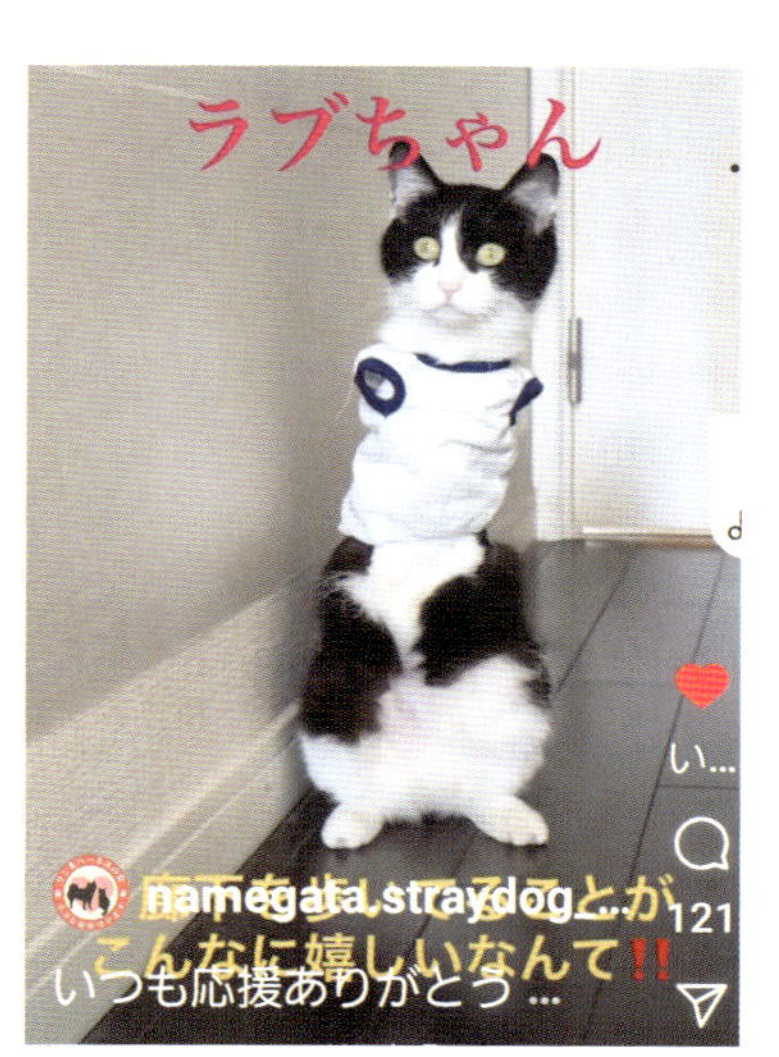

初めて立った日のInstagram発信

おもちゃで遊び始める（成井さん提供）

り、バランスを上手にとって前かがみでチョロチョロ歩き出したのだ。角度をつけた食器を用意すると、上体を前倒しにしてご飯を食べる。トイレも中腰で使いこなした。排泄した後は前脚で砂をかけているつもりらしく、肩の筋肉が動いている。そう、ラブちゃんは、今ある自分の体をバランスよく使って、介助不要の自立生活を始めたのだ。屈託もなく。

猫って、すごい！

保護・手術から半年。1歳を過ぎたラブちゃんは家じゅうを自由に飛び跳ねている。段差もなんのその。まず上体を段上に預け、よいしょと後ろ脚を次々あげ

このくらいの段ならへっちゃら！（成井さん提供）

て上る。ごくふつうの猫生活だ。

手術を指導してくださった齊藤先生は、術後に先輩医師にラブちゃんの話をしたら、こんなことを言われたそうだ。「そうさ、簡単にあきらめて猫様の可能性を閉じてはいけないんだ」

「私たちの想像をはるかに超えた能力を見せつけてくれたラブ様には、こちらから、ありがとうございますと言いたい」と、齊藤先生は称える。

成井さんのラブちゃんへの愛しさはいや増すばかりだが、不妊手術も終え、譲渡先の募集を始めた。「うちには、保護待ったなしの預かりっ子たちが次々とやってきます。ラブには、ラブだけをしっかり見守り慈しんでくれる家族を見つけてやりたいんです」

警察や市には、違法トラバサミの危険性のいっそうの周知を強くお願いしている。山下さんは、ラブちゃんをきっかけに保護活動のお手伝いを始めた。携わった先生方

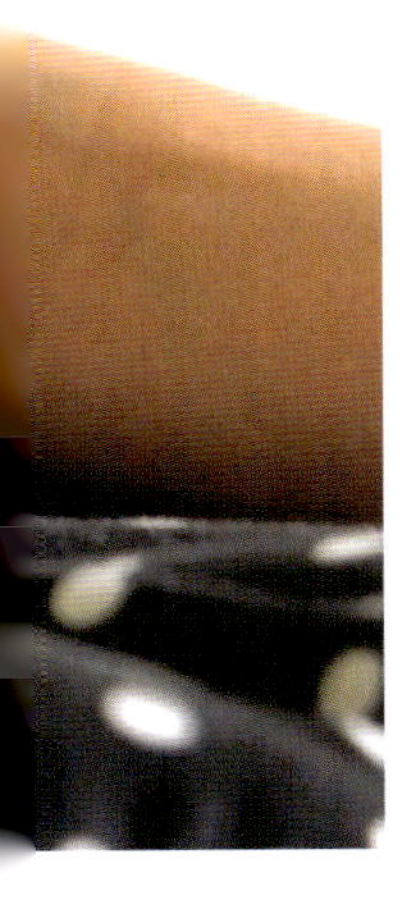

両前脚を失っても、自分で何でもやってのける

も、その後のラブちゃんをいつも気にかけてくださっている。

捨てられたのかノラ生まれだったのか、1匹の猫は、小さな体に強くしなやかないのちのバネを秘めていた。ただ前を向いて生きるその姿は、たくさんのことを人間に気づかせ、つなぎ合う手を増やしてくれている。

成井さんはしみじみと言う。「周りから愛されるようにと、ラブという名をつけたのですが、それ以上に人を信じ愛してくれる子でした。猫って、ほんとうにすごい！」

奇跡の猫 *6*

「子猫のまま」という難病を抱え、今日を生きる

マウル♂

ミルクボランティア※の由梨さんが迎えたのは、
交通事故に遭って保健所に収容されていた子猫。
やってきてまもなく、突然けいれん発作を起こした。
病名は「猫てんかん」と「猫小人症」。
大きくならず、何種類もの薬を飲む日々となったが、
由梨さんの家の末っ子アイドルとして、
その一日一日を慈しまれて暮らしている。

※ミルクボランティア…離乳前の子猫を一時的に自宅で預かり、授乳や排泄などお世話をする

---

pinot1996

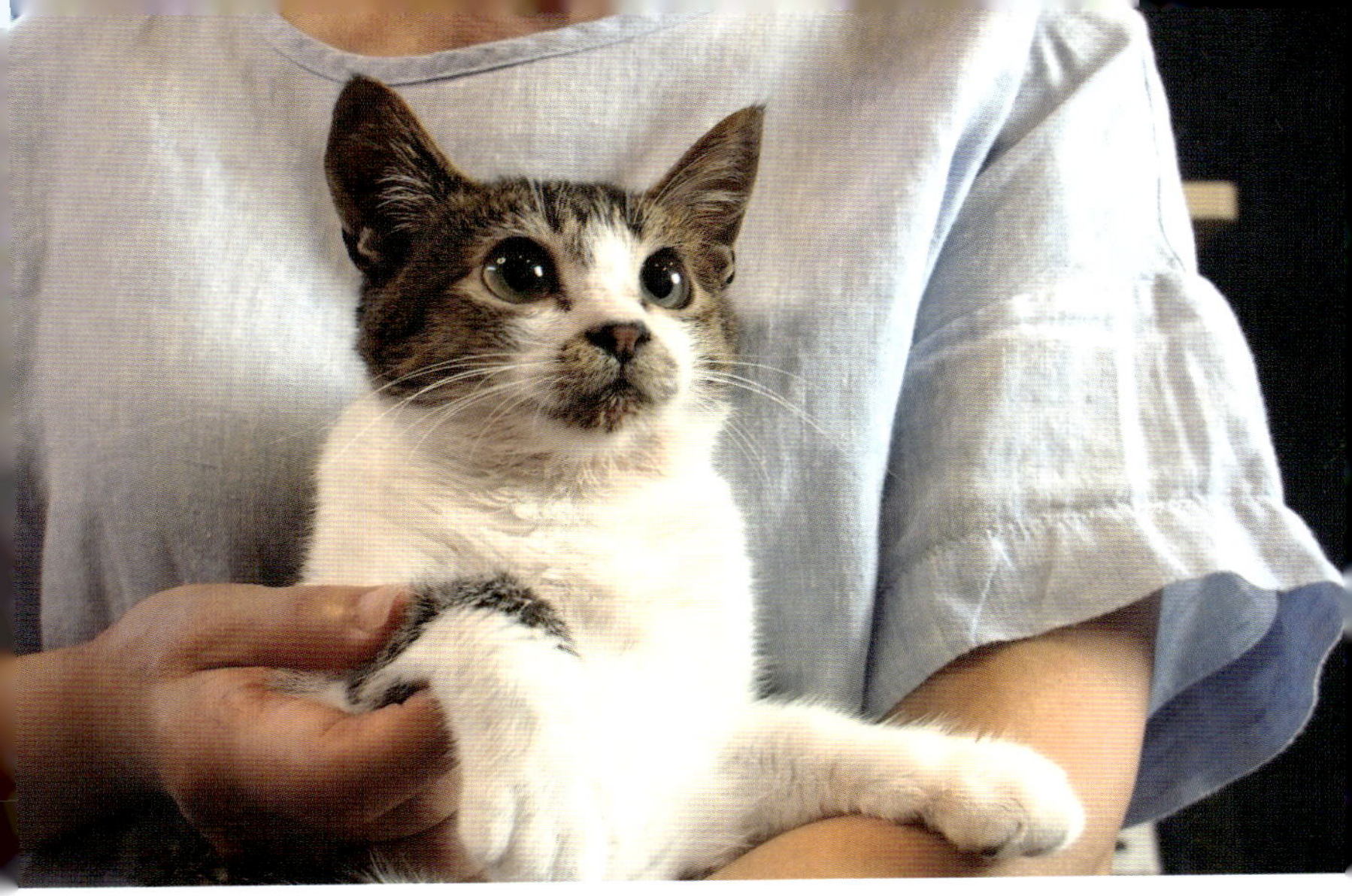

由梨母さんに抱かれて

大きくなれない

マウルくんは、この夏、1歳を迎えた。これまでからしたら「絶好調」なので、由梨母さんはとてもうれしい。ドイツ語で「動物の口」を意味する「マウル」は、口周りの丸い模様が愛らしいのでついた名だ。譲渡までの仮の名のつもりだったのだが、マウルくんは、今やこの家の可愛い末っ子である。

マウルくんの体重は、ふつうの1歳猫の半分だ。じっとしていることが多く、一日に2回、何種類もの薬を飲む。抗てんかん薬2種、脳圧

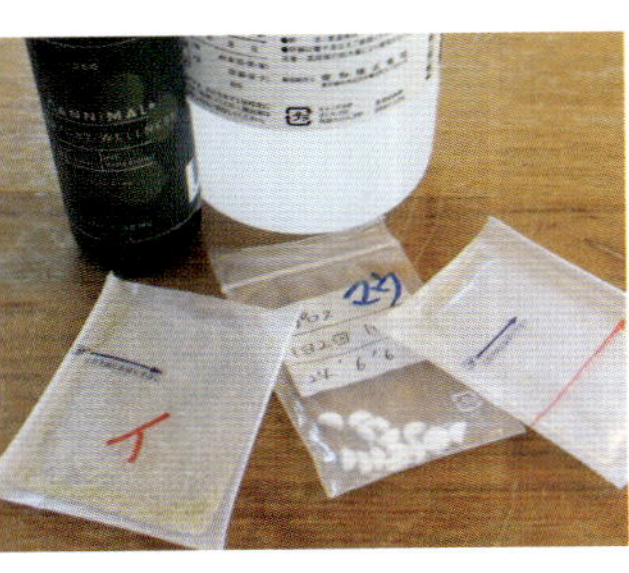

左からマウル、ニケ、純一、リリ。大きさがこんなに違う（由梨さん提供）

を下げる薬、腎臓の薬、そして、CBDオイルも飲んでいる。マウルくんの病名は「猫てんかん」と「猫小人症」だ。

突然の発作

マウルくんは、2023年の10月に栃木県の保健所からやってきた。交通事故に遭って収容された当初は神経症状があったそうだが、それもなくなり、栃木のボランティアさんが引き出して、東京のベテランミルクボランティア由梨さんが譲渡までを預かることになったのだ。

突然のけいれん発作が起きたのは、迎えて10日ほどたった頃。一日に何度も発作が起きるので、由梨さんは目が離せず、やむを得ず出かけるときはケージに入れ

いつまでもあどけない

小さなお口でお水ペロペロ

てペットカメラを設置した。異常があれば、すぐに帰宅した。

動きが緩慢で、ぼーっとして鳴かない子猫になり、食べるのに体重が全く増えない数ヶ月が続いた。度々のてんかん発作で脳が傷つき、成長ホルモンの分泌や運動能力を妨げたと思われる。

長いことミルクボランティアを続けてきた由梨さんは、たくさんの子猫をしあわせに送り出してきた。その陰で、手を尽くしても旅立つ子たちに幾度涙したことだろう。「門脈（もんみゃく）シャント」という難病を抱えてやってきた小春は、由梨さん宅の猫となり、手当てと愛情を注がれて旅立っていった。どの子の命も尊く、どの子の一日も大事にされてほしいという思いは、奄美のノネコの譲渡認定者のひとりとして命をつなぐ活動にもつながっている。

今日よ、輝け

先住猫は、純一おじいちゃんとリリおばちゃんとニケおじちゃんの、ワケアリトリオである。リリおばちゃんは、マウルくんのお母さんのように毛づくろいしたり添い寝したりしてよく面倒を見てくれる。ニケおじちゃんもやさしい。純一おじいちゃんとマウルくんは、動くテンポも一日の流れ方も似たもの同士だ。

最近のマウルくんは、やっと食べた量だけ体重が増えるようになり、病院でも「大人の顔になったね」と言われてご機嫌だ。「過保護に育ててしまい、わがままな末っ子になったけど、それも可愛くてうれしい」と、由梨さん。「猫小人症」は5～6歳の寿命と言われているが、ドイツで暮らす同じ病気を持つ「フランシス」ちゃんが、14歳を迎えたことが大きな希望だ。たとえ寿命が短くとも、一緒に生きる一日一日こそが輝く奇跡なのだと由梨さんは思う。

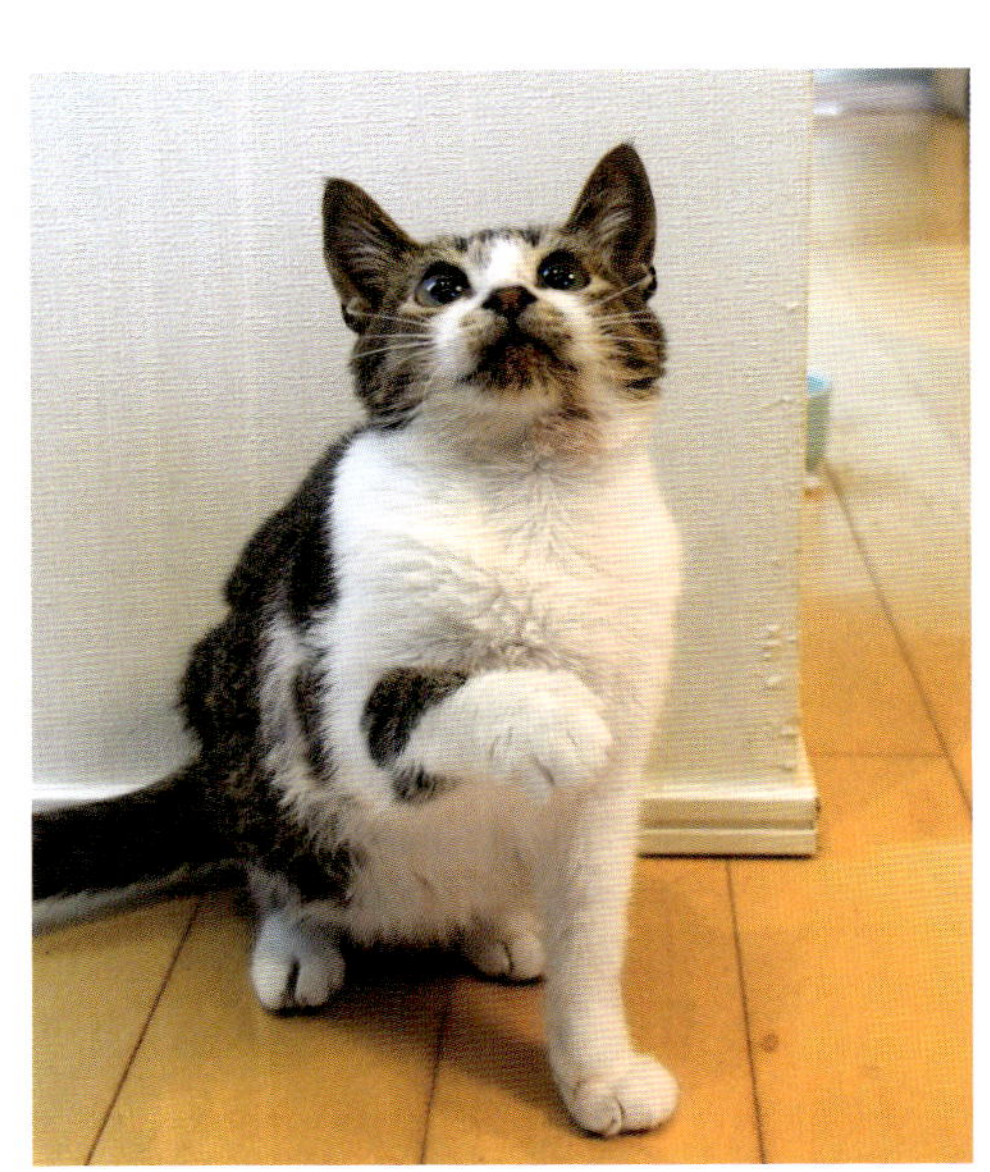

「今日を生きる」を
続けていくことが
キセキにつながる

奇跡の猫 7

「新宿東口の猫」の
イメージモデルとなった猫

ナツコ♀

2021年7月、新宿駅東口を出てすぐの
クロス新宿ビル4階に突如住み着いた巨大な3Dの三毛猫は、
そのインパクトで、たちまち全世界の有名猫に。
東口の猫のイメージモデルとなったのは、
「ナツコ」というわが道を行く三毛猫だった。
ナツコとは、いったいどんな猫だったのか……。

---

cross_s_vision　X @cross_s_vision
YouTube：【公式】クロス新宿ビジョン　HP：http://g3dc.xspace.tokyo/

「新宿東口の猫」の巨大スクリーン

新宿に巨大三毛猫あらわる

「新宿東口の猫」の住むクロススペースは、新宿駅東口を出てすぐの交差点前の広場の正面にある。時間をおかず何度も猫が登場するから、信号待ちの人々は、みな口元を緩めてビルを見上げ、スマホで撮影する人も多い。

濃い三毛柄の猫は、意志の強い顔立ちをしていて、勝手に猫語で話しかけたり、ゴロンゴロンしたり、大画面から今にも飛び出しそうにして、まったりと暮らしている。不敵さと愛嬌を併せ持ち、２０２１年7月の華々しい初登場以来、会いに行く人が絶えない人気者だ。

オスの三毛猫という設定だが、名前はない。彼は、メディアアーティストの山本信一さんによって生み出され、世に送り出された。

「街頭ビジョンのプロジェクトは、東口地区の活性化を目的とするためのクロス新宿ビルからのオーダーでした。6案出しました。岩に打ちつける雨などのアート系に加えて、手描きの猫も滑り込ませたんです」と、山本さん。

いわば「おまけ案」だった、その猫案が「面白い」と採用された。

さまざまな猫での作画が何ヶ月も繰り返される。だが、どの猫も山本さんにはピ

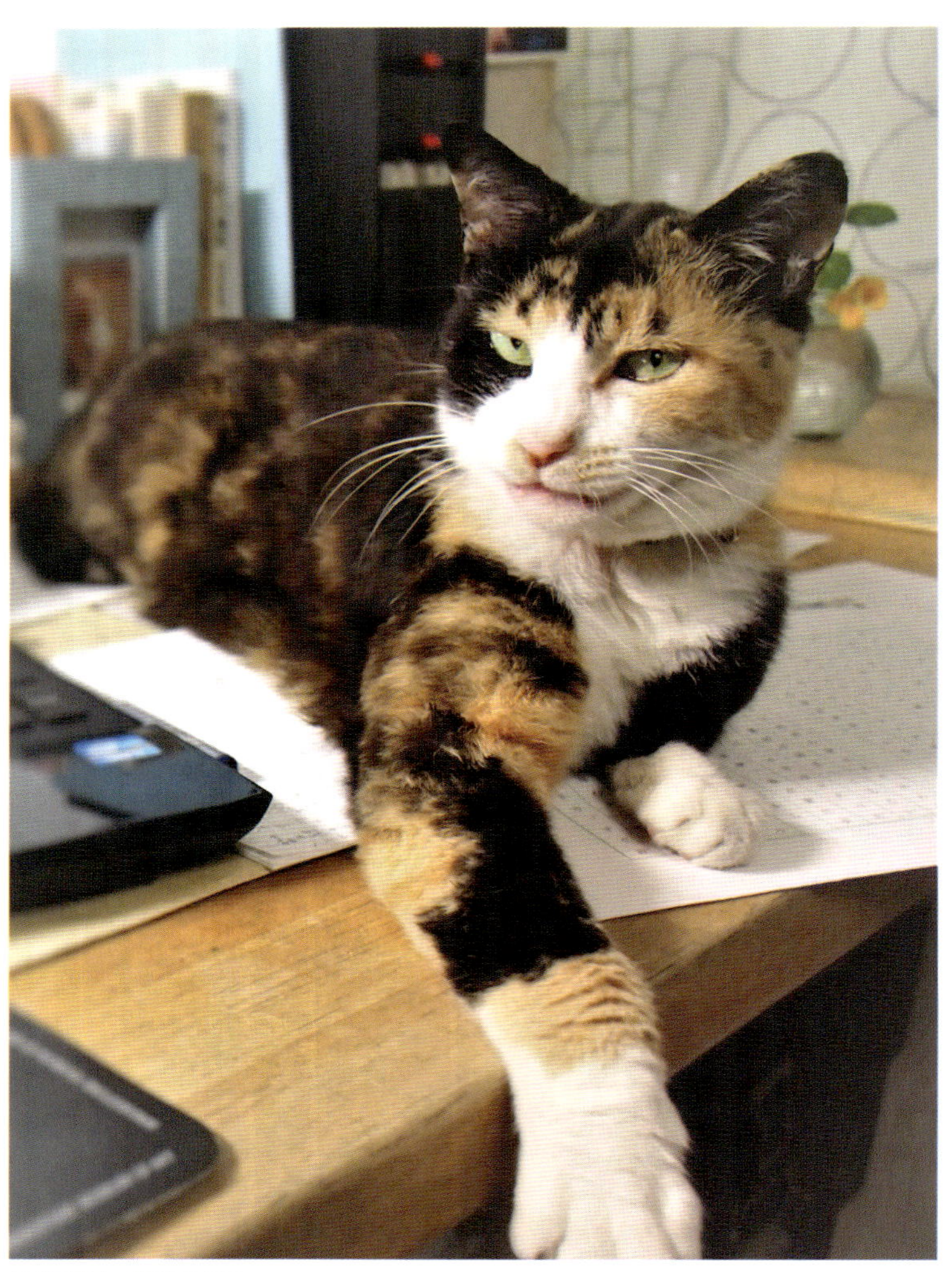

ほくそ笑む、夜のナツコ

ンとこない。そこに住んでいるという存在感をもっと強く打ち出したかった。だが、「こんな猫」というニュアンスは言葉ではCGデザイナーには伝わりにくく、「では、理想の猫はこれだと、提示してください」と返された。

猫好きの山本さんは、以前からいろいろな猫の写真をSNSで見まくっていたのだが、街頭ビジョンの猫制作にあたり、来る日も来る日もSNSの猫写真を見まくる日々が数ヶ月続く。

そんなある日流れてきたのが、一枚の三毛猫の写真。目が釘付けになった。灯りの下、パソコン脇にドサッと体を投げ出し、人を食った表情の三毛猫がこっちを見ていた。キャプションには、「ほくそ笑む猫」とある。その猫は、常日頃山本さんが一番の猫の魅力だと感じている「根拠のない自信に満ちた強気」をまさしく体現していた。すぐに「存在感的に、この猫で！」とCGデザイナーに伝え、東口の猫が誕生する。

そのいきさつを後から聞いたナッコの飼い主は、「根拠のない自信に満ちていた」ことが決め手だったと知り、大いに納得がいったものだ。パソコン脇にドサッと体を投げ出して、強い視線でほくそ笑むナッコの写真は、「いつまでだらだら仕事してんのさ」と、飼い主の夜仕事の邪魔をしに来たときの写真である。彼女は、いつでも根拠なく強気だった。

ナッコは釣り堀で小魚をかっさらって生きていたノラ母さんから生まれた子である。他の猫たちとつるむのが大嫌いで、飼い主に束縛されるのも嫌いだった。5年前の7月に、24歳の誕生日を前に亡くなる直前まで、その辺を出歩いて、朝帰りもしていた。わが道を行く気性の激しい猫だったが、情の深い猫でもあり、バッタやらトカゲやら後始末に困る「おみやげ」を庭から持ち帰っては「どうよ」としたり顔で飼い主にプレゼントをしたものだ。

東口の猫が見つめるもの

東口の猫は、海外でも「日本ではビルに巨大な猫が住んでいる」と紹介されるほど注目を集め、内外で数々の賞を受けた。

たしかに、東口の猫は、泰然自若として、意思ある瞳で道行く人々を見下ろしている。それでいて、猫あるあるのすっとぼけたしぐさで、誰をも笑顔にさせる。思い出すかのようにこっちをじっと見つめるなど、リアルな「会えたね」感を私たちと共有する。不穏な社会状況で閉塞状況にある人々に、「何でもない日常に、くすっと笑える光景があることのしあわせ」を再認識させてくれるのだ。

この猫は、ビル4階に住み続ける設定なので、長く愛され続けるべく、新バージョ

シリーズ累計8万部の写真集
沖昌之『必死すぎるネコ』

沖昌之・著　B5 変型判
オールカラー 96 ページ

必死すぎるネコ

定価1,320円（税込）
タツミムック
ISBN978-4-7778-1945-4

必死すぎるネコ ～前後不覚篇～

定価1,320円（税込）
タツミムック
ISBN978-4-7778-2277-5

必死すぎるネコ ～一心不乱篇～

定価1,430円（税込）
辰巳出版
ISBN978-4-7778-2878-4

イキってるネコ

ネコまる編集部・編
定価1,320円（税込）
タツミムック
ISBN978-4-7778-2769-5

雑誌・ムック

猫びより

定価1,290円（税込）辰巳出版
大人の猫マガジン。「岩合光昭の猫」「新美敬子 世界の旅猫」「沖昌之 必死すぎるネコ」など人気連載も多数。季刊・年4回（3・6・9・12月）発売。

ネコまる

定価1,210円（税込）タツミムック
読者参加型の投稿誌。飼い主さんだからこそ撮れたリラックス写真やプロ顔負けの奇跡の一瞬を捉えた作品など秀作揃い。年2回（5・11月）発売。

- この出版案内は2024年8月現在のものです。
- 定価はすべて税込み表示です。消費税（10%）が加算されております。
- ご購入方法：お近くの書店またはネット書店にてお求めください。
- 内容については編集部にメールでお問合わせください。nekobiyori@tatsumi-publishing.co.jp

お問合わせ先▶
辰巳出版株式会社
〒113-0033　東京都文京区本郷1-33-13 春日町ビル5F
TEL 03-5931-5920（代表）FAX 03-6386-3087（販売部）
E-MAIL info@tg-net.co.jp　https://TG-NET.co.jp/

いちばん役立つペットシリーズ

猫専門誌『猫びより』編集部が
猫と人との快適な暮らしのために考えた実用シリーズ。
猫びより編集部・編　A5判　日東書院本社

決定版 猫と一緒に生き残る 防災BOOK

価1,430円（税込）112ページ
BN978-4-528-02209-6
震、水害、土砂崩れ…自然災害が多発する日本では、災知識の有無が命を左右します。首都直下型地震南海トラフ大地震も30年以内に発生するといわれ今、日本に安全な場所はありません。家族同然の愛を守り、「どんな災害も一緒に生き抜く」を本気で考ます。

ISBN 978-4-528-02448-9

はじめての猫との しあわせな暮らし方

定価1,430円（税込）
オールカラー160ページ
猫の習性、飼育の基本など、あらゆる項目を網羅した飼育書。迷子対策・医療ほか最新情報を追加した決定版です。

ISBN 978-4-528-02399-4

獣医さん、聞きづらい「猫」のこと ぜんぶ教えてください！

定価1,540円（税込）144ページ
治療法・お金・愛猫の悩み…面と向かって聞きづらかったことに答えます。

ISBN978-4-528-02231-7

まんがで読む はじめての 猫のターミナルケア・看取り

定価1,430円（税込）128ページ
愛猫の命が残りわずかとなったとき、飼い主にできることは？

ISBN978-4-528-02277-5

まんがで読む はじめての保護猫

定価1,430円（税込）128ページ
保護猫を迎えるときの疑問やさまざまなケースをまんがで解説。

ISBN 978-4-7778-3105-0

ゃんトレ 活にゃんこ算数ドリル

方東京理科大学教授 篠原菊紀・監修
価 1,650 円（税込）B5 判
ールカラー 112 ページ　辰巳出版
べ 500 匹超の可愛い猫ちゃんが算数題に！大人も子どもも、楽しく脳活きます。

ISBN 978-4-7778-2871-5

猫にひろわれた話

猫びより編集部・編
定価1,540円（税込）A5判
オールカラー160ページ　辰巳出版
猫専門誌『猫びより』『ネコまる』から珠玉の保護猫エピソードを22話収録。装画は『俺、つしま』おぷうのきょうだいさんの描きおろし。

ISBN978-4-7778-2531-8

猫のいる家に帰りたい

仁尾智・短歌・文
小泉さよ・絵
定価1,430円（税込）A5判
オールカラー112ページ　辰巳出版
(たぶん)世界初の猫歌人・仁尾智による、猫との暮らしの悲喜こもごも。

ほぼねこ

RIKU・著　定価 1,650 円（税込）
B5 変型判　オールカラー 96 ページ
辰巳出版
ISBN 978-4-7778-3044-2
岩合光昭さん、令和ロマン松井ケムリさん、コラムニスト辛酸なめ子さん推薦！たちまち 5 刷の話題作。ネコ科の猛獣たちの「ほぼ、ねこ」な瞬間を収めた傑作写真集です。収益の一部は撮影地の動物園に寄付されます。

ボス猫メトとメイショウドトウ

引退馬牧場ノーザンレイクの奇跡

佐々木祥恵・著
定価1,650円（税込）A5判
オールカラー112ページ　辰巳出版
ISBN 978-4-7778-3074-9
引退後の競走馬たちが余生を過ごす牧場･ノーザンレイクに突然現れた猫･メトと、G1ホース･メイショウドトウをはじめとする馬たちとの友情が大反響のフォトブック。売上の一部はノーザンレイクの引退馬たちのために使われます。

ISBN 978-4-7778-3097-8

みんなしあわせ！保護猫ビフォーアフター

猫びより編集部・編
定価 1,540 円（税込）B5 変型判
オールカラー 144 ページ　辰巳出版
「保護した頃」と「現在」、2 枚の写真と飼い主視点のエッセイで綴る、48 のビフォーアフター物語。

ISBN 978-4-7778-3067-1

らい 下半身不随の猫

晴・著
定価 1,540 円（税込）A5 変型判
オールカラー 112 ページ 辰巳出版
交通事故で保健所に収容されたものの下半身不随になった「らい」の看護とにぎやかな暮らしを綴ったフォトブック。

ISBN978-4-7778-2229-4

くぅとしの

～認知症の犬しのと介護猫くぅ～

晴・著
定価1,320円（税込）A5変型判
オールカラー112ページ　辰巳出版
テレビでも紹介された、認知症の犬と献身的に支えた猫の感動フォトブック。

辰巳出版グループの猫の本

岩合光昭 ニッポン看板猫

岩合光昭・著
定価2,200円（税込）B5変型判
オールカラー128ページ　辰巳出版
ISBN978-4-7778-3169-2
カフェ、商店街、ボクシングジムに世界遺産…全国津々浦々40の仕事場から60匹の看板猫が大集合。お客さんや職場のみんなに愛される猫たちを、岩合さんがしあわせ成分たっぷりに撮りました。1990年代から2008年に出会った、ファンにとっては懐かしい猫たちが登場するコーナーもあります。

ねこの描き方れんしゅう帖

小泉さよ・著
定価1,760円（税込）B5変型判
オールカラー128ページ　日東書院本社
ISBN978-4-528-02439-7
大人気イラストレーター小泉さよさんが猫イラストの基本とコツをレクチャー。初心者でも可愛い猫を描けるようになります。

猫は奇跡

佐竹茉莉子・著
定価 1,650 円（税込）四六判
オールカラー 160 ページ 辰巳出版
ISBN978-4-7778-3176-0
逆境を乗り越えた猫、数奇な運命を辿った猫たちの心打つ実話 17 選。児童文学作家の村上しいこさん推薦＆特別寄稿も収録！

19歳のナツコ

ンの映像はこれからも次々と作られる。
「CGのエンターテインメント性は保ちつつ、素の猫の魅力は守り続けたい。ナッコさんのように堂々ときりっとして、ビルの上から道行く人々に意味不明な勇気を与え続けられるといいなと思っています。東口の猫を手がけたことで、僕たちスタッフも猫を取り巻く環境に改めて思いを馳せるようになりました。保護活動の広がりにも一役買えたら」と、山本さんは願う。

自分の面影が新宿という大都会に残り、国籍も年齢も問わず人々を笑顔にして、知らない者同士をつなぐ。そんな奇跡のような展開を、空の上からナッコは「どうよ」と強気の微笑で見下ろしているに違いない。

ナッコは、24歳近くまでお達者に我が道を生きた、筆者の愛猫である。

「どうよ」

奇跡の猫 8

愛猫を亡くし
笑顔が消えた一家に
灯をともした兄弟猫

まさくん♂　としくん♂

迎えて半年の愛らしい盛りの「詩(うた)」を、病魔により
あっけなく失った友香さん一家。深い悲しみに家じゅうが沈み込む。
灯が消えたような半年が過ぎようとする頃、
次男が「また猫を飼いたい」と言う。
詩を溺愛していた長男に気持ちを聞くと、
ポロポロと涙をこぼした後、小さな声で言った。
「いてくれたら、うれしい」

「いてくれたら、うれしい」

「また猫が飼いたい……」

次男が友香さんにそう打ち明けたのは、一家で溺愛していた「詩」が空に帰っていって半年が過ぎた頃だった。それは、友香さんが心のどこかで予期していた言葉だった。

愛らしさの塊のような詩が、FIP※によって8ヶ月の短い生涯を終えてから、家じゅうが悲しみの湖底に沈んだ。会話がめっきり少なくなり、誰も笑わなくなった。友香さん自身、どれほどの涙をこぼしたことだろう。外出さえできない時期もあった。ようやく半年たって「詩はもういないんだ」という事実を受け入

詩のあとに迎えた兄弟

愛らしかった詩（鎌倉ねこの間提供）

れられるようになってきていた。

詩をいちばん寵愛していた長男は、弟の願いに無反応を通す。数日後、「もう一度猫を飼うとなったら、どう思う？」と、友香さんは長男にそっと聞いてみた。下を向いたままの長男の目から、ぽとりぽとりと涙がこぼれ落ちる。反抗期真っ只中の彼の抱え続けていた喪失感と悲しみを友香さんは思い知る。

ひとしきり泣いた後、長男は小さな声で言った。「いてくれたら、うれしい」

飛び出してきた兄弟

ちょうど動物病院に保護されてきたばかり

※ＦＩＰ…猫伝染性腹膜炎の略。猫コロナウイルスが猫の体内で突然変異を起こすことで発症する、非常に致死性の高い病気。食欲不振、活動性の低下、発熱、体重減少などの症状が起こる

動物病院に保護されていた当時（友香さん提供）

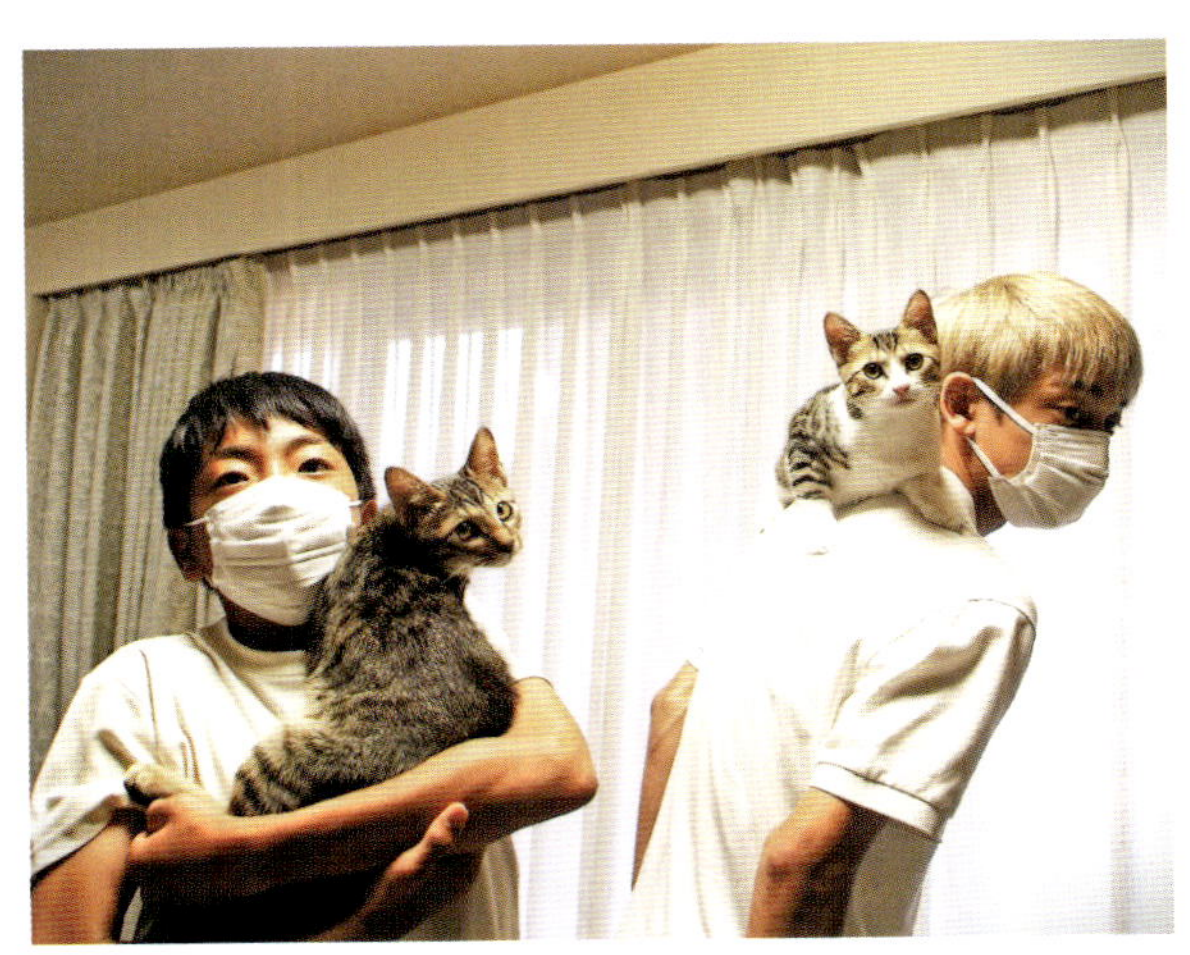

兄弟が2組になった

の子猫がいて、詩の面影のある子がいるというので、会いに行くことにした。長男は「詩に似た子は嫌だ」と言うが、写真で見るその子は詩に毛色や顔立ちは似ていても、男の子らしいやんちゃさがあり、似ていないとも言える。

夫婦で動物病院へ会いに行く。すると、面接のために、奥から2匹の子猫が元気いっぱいに飛び出してきた。詩に似たキジトラと、その兄弟のキジ白と。2匹は仲良くはしゃぎ回る。「こんなに仲のいい兄弟の1匹だけを連れていけない」と思う友香さんの隣で、夫のハートは2匹にすっかり射抜かれていた。

息子たちには「子猫がやってくる」とだけ伝える。

2匹を連れ帰ってきた日。学校から帰ってキャットタワーを組み立て、待ち構えていた次男が声をあげる。「えっ? えっ? 2匹! 2匹! 2匹!」と雄叫び、大興奮である。

続いて帰宅した長男も叫ぶ。「おおっ!」

息子たちの心底楽しそうな笑顔は、詩がいたときのそれだった。兄弟子猫たちは、部屋中を走り回り、揃ってご飯を食べ、また走り回る。遊び疲れて、重なり合って眠る。生き生きとした空気が家の中に満ちた。

心に蓋をすることはない

「悲しみの淵から抜け出すのに時間はかかりましたが、悲しむのならうんと悲しもうと思っていました。いつかまたやってくるかもしれない猫と暮らす日のために」と、友香さんは言う。猫の温かさも柔らかさも愛おしさも知ったら、その心に蓋をすることはないと、思っている。きっと、その人、その家族のペースで満ちてくるものがあるはずだから。

迎えた子猫たちの名前は、息子たちもその一字を持っている「朗」の字をつけ、キジトラは「雅朗(まさあき)」、キジ白は「福朗(としあき)」とした。愛称は、まさくんととしくんである。「新しい子がやってきたのを、詩はきっと喜んでくれてる。やさしい子だったから」と、次男くん。

2022年の夏に2匹を迎えてから2年が過ぎた。まさくんはふっくらタイプ、としくんはがっちりタイ

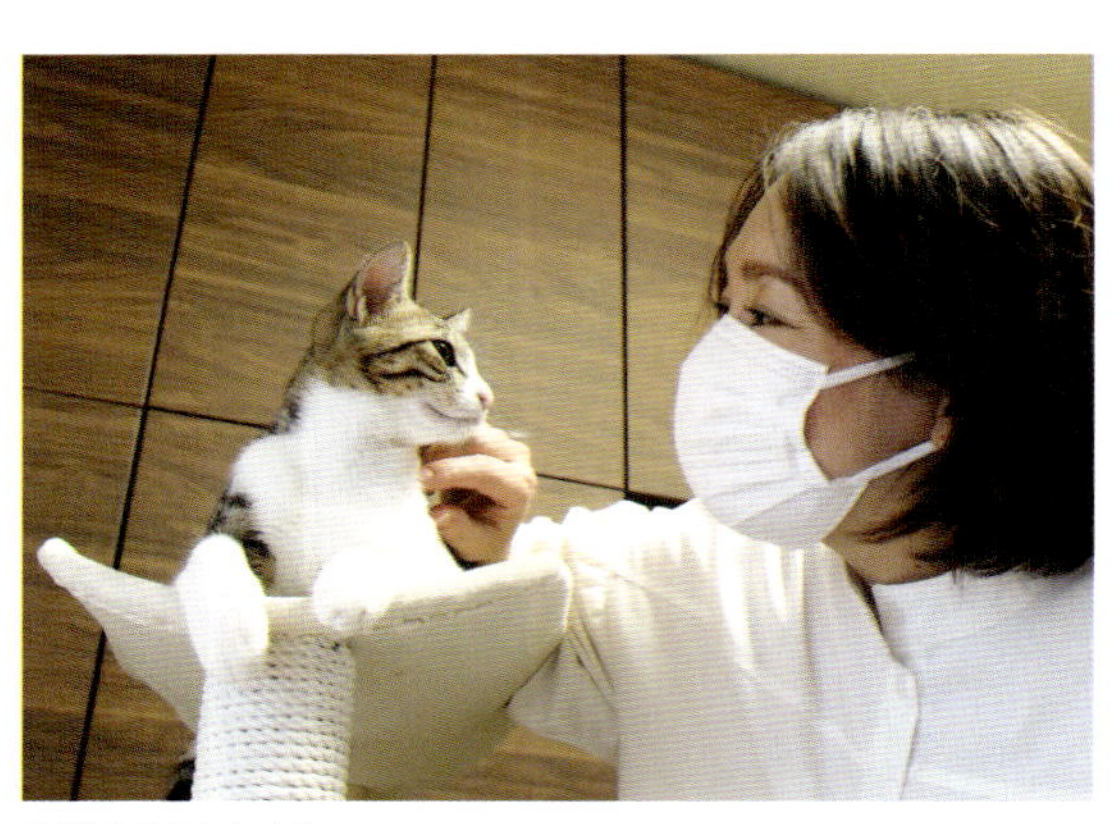

友香さんととしくん

次男くんに抱かれるまさくん

プに成長した。大学生と高校生になった息子たちは、2匹をそれは可愛がっている。猫のことを話題にするだけで、家の中に笑顔が満ちる。

「詩はわが家に来てくれた初めての可愛い女の子で、お月さまのような存在でした。その詩が呼び寄せてくれたまさくんとしくんは、私たちの心を温めてくれた太陽のような存在です」と、友香さんは微笑む。

「詩からもらった愛は、胸の奥に大切にしまってあります。その愛をまさくんとしくんに伝えて、詩とはまた違う愛をふたりからもらって……そんなふうに愛が丸く巡るしあわせを感じながら、私たち家族はこれから3匹と共に生きていくんだと思います。出会えたことこそが奇跡と感謝しながら」

「2匹がやってきてくれてとても楽しい！」と次男くん

奇跡の猫 *9*

あまりにも自由な 保護猫たちがいる事務所

ピピ♂　ポポ♂　ココ♀　ネネ♀　ナナ♂

イーカーズ事務所の猫たち

街角にある中古車販売店の事務所に暮らす
5匹の保護猫たちが毎日繰り広げるのは、コントのような風景。
パソコンを開けばみんなでのぞきにきたり、
流れてきたファックス用紙を咥えて持ち去ったり、流しで昼寝したり、
お客様用ソファーを占領したり。
猫が何をやっても許される、こんな会社があるなんて。

Instagram e_cars_fukaya　X @e_cars_fukaya

お騒がせ猫No.1のココ嬢

5つの個性

埼玉県深谷市。とある交差点には仰天の巨大看板がある。いたずらそうな黒白ハチワレ猫が寝そべっている絵の下部には、こんな言葉が。

「ネコ飼ってます」

中古車を販売する「イーカーズ深谷店」の看板だ。まさにその看板通り、事務所には5匹の猫が飼われている。実態は「飼われている」より、「好き勝手に暮らしている」がぴったりなのだが。

最初の保護猫は、黒白ハチワレのピピくんだ。看板のモ

デルとなった彼は、ここのボス格で、堂々としているものの、意外と用心深い。彼の別名は「二重あごのアイドル」。夏場でもふっさり体形で、落っこちそうなほっぺたをしている。

黒猫ポポくんは、マイペースなおっとりさん。店の周りをうろついていたガリガリのノラだったのを、事務所猫にしてもらった。

その次にやってきたのが、長毛三毛のココちゃん。ある日、ご近所の方が「お宅の猫が脱走してますよ」と言いに来たという。「いない子はいないけど」と思いながら、

イーカーズ深谷店のInstagramより。上から
ピピ、ポポ、ココ、ネネ、ナナ

現場に行ったスタッフが、行き場のない長毛三毛を見て、連れ帰ってきた。そのココちゃんはＦＩＰだったが、みごと寛解した。

三毛猫のネネちゃんは、保護したときには外耳炎が悪化していて、ずっと首が傾いていたが、今はほぼ目立たない。アニメ映画から抜け出てきたようないたずらっぽい目をしている。

１番の新入りは、茶トラのナナくん。男の子だが、７番目に保護したので、この可愛い名がついた。じつは、イーカーズでは、ピピくん保護以来、３年間で７匹を保護しているのだが、元店長が退職するときにララとトトの２匹を自宅猫としたのだ。ナナくんがやってきたときも、ボスのピピくんはよく面倒を見て、社内ルールをみっちり教えた。その結果、猫ファーストの無礼講が続いている。

毎日がコントの場面

事務所では、毎日毎日、誰かが何かをやらかしている。

一番の確信犯は、一見優雅な長毛三毛のココちゃん。彼女はファックスが流れてくる気配がすると待ち構える。流れてくるやすぐさま咥えてどこかへ持ち去るので、スタッフとどちらが先に取るかの攻防が、毎回繰り返されるのだが、ココちゃんの素早

ココちゃんはコピー用紙が流れてくるのを待ち構え、咥えて走り去る

パソコン周りに集まる猫たち

さと執念には、たいてい敵わない。
「まあ、読めればいいので」と、スタッフも鷹揚だ。「猫好きのお客様には、ご要望があればココの歯型や爪痕つき資料をお渡ししています」

豊満なピピくんがパソコンのキーボードの上にドサッと体を投げ出していると、パソコンの悲鳴が聞こえてきそうだ。

パソコンを開けるや、たちまち、ポポとココとナナが机に飛び乗り、仕事の検索画面を、横から上から真剣にのぞき込んでくる。スタッフは慣れたもので、3匹に囲まれながら、仕事をこなしていく。

店内には、お客様との商談用のソファーがあるのだが、そこもたいてい、誰かがしどけなく寝そべっている。

結果的にいい仕事

でも、ここに入ってくるお客さんは、巨大看板を見て、猫がいることを知ってやってくるのだから、全く問題はない。ここは車の販売店で、猫カフェではないから、「遊びに来てください」とは店からは言えないのだが、来るもの拒まず、事務所猫に会いに来た猫好きには、そのドアが開かれる。こうして猫が結ぶ縁で、車の購入につながることもままある。

仕事の邪魔ばかりしているように見える猫たちも、案外いい仕事をしているのだった。

壁一面に猫写真が飾られている事務所内。これでも車売ってる会社です

奇跡の猫 *10*

迷い猫が民家の縁側で町の人気者になった

まよい♂

1匹の猫が、町角にある紗和さんの家の庭に迷い込んできた。
体調不良で休職中だった紗和さんは、
猫と触れ合ううちに、医師も驚くほど元気に。
それを見て、猫嫌いだったお母さんも、
猫を家の中に入れることをしぶしぶ認めた。
家猫となった迷い猫の「まよちゃん」は、
縁側を通して町の人気者になっていく。

「まよちゃん」と呼ぶと、網戸越しに「にゃ〜ん」とお返事

「まよちゃんと呼んで」

古い町並みも残る千葉県北部のとある町。バス通りの角を曲がるとき、ふと一軒の家の縁側に目をやれば、通りに面したガラス戸に何やら貼り紙が。

「ぼくの名前はまよい（♂）　まよちゃんと呼んでにゃ〜」

描かれている猫の墨絵も、愛嬌たっぷりだ。「まよちゃん」と呼べば、奥からいそいそと茶白の若猫が顔を見せにくる。絵と同じく、愛嬌のある可愛い顔をして「にゃ〜ん（僕の名前を呼びましたか）」と鳴く。道行く人々の足を止めさせる魅惑の縁側の主「まよちゃん」こと、まよいくんは、今や町で知らない人はいないくらいの人気者だ。

やせっぽちの猫

２０２１年の7月のある朝。紗和さんが裏庭に出ると、見たことのない茶白の若い猫がいて、近づくとピューッと逃げていった。「どこの猫だったのかなあ」と思っていると、10分ほど後に、お父さんが「玄関に猫がいたよ」と言う。

猫は、敷地内をウロウロしている。やせっぽちで、人恋しそうな様子で、迷い猫のようだ。母が大の動物嫌いで、家では猫など飼ったことはないが、紗和さん自身は猫好きで、近所の猫たちにときどきおやつをあげに行く。そのおやつをあげると、猫はガツガツとむさぼった。

おやつをあげたことで、猫は居ついて

迷い込んできた頃。庭猫時代

しまった。紗和さんが出てくる玄関から離れず、朝から待ち受けている。

人から聞いた話では、近くのパン屋さんあたりを、ここ1週間くらいきょうだいらしき猫と2匹でウロウロしていたとのことだった。動物病院へ連れていくと、すでに去勢済みの若い猫である。飼い主を探してみたが見つからない。事情があって棄てられたのだろうか。母に頼み込んで、庭先に住まわせることだけは了承してもらった。

猫の効能

当時、紗和さんは、心身共に体調を崩して休職し、家で療養中だった。迷い猫なので「まよい」と名付けた猫との触れ合いが楽しみになった。まよいは甘え上手で、とても可愛かった。まよいもふっくらしてきたけれど、紗和さんもどんどん体調がよくなっていく。通院している病院の先生も、「すごい！　顔が変わった」と、紗和さんの元気ぶりにびっくり。「今までの治療は何だったんだ」と言うほど、猫の効能に驚いた。

まよいは、庭猫として、あたたかなねぐらももらったし、ご飯にも不自由しなくなった。ただ、バス通りの曲がり角ゆえ、交通事故に遭う心配はいつも尽きなかった。

「家猫にしてやりたい」という娘の願いを、お母さんは「う〜〜ん」としぶったが、「縁側だけなら」と認めた。身震いするほど嫌いな猫を家の中に入れるという決断は、娘が元気になったうれしさゆえだった。

縁側だけと言っても広いのだけれど、猫のことだから収まってはいない。縁側に続く広い和室、廊下……と、なしくずし的にまよいは生活圏を広げていった。

まよいは、お母さんを見るや「遊んで遊んで」と寄っていく。最初のうちは、「ひゃ〜〜！」と逃げていたお母さんだったが、気がつくとまよいが可愛くなっていた。猫撫で声で話しかけ、撫でるようになった。そして、14畳もの広い和室は、紗和さんが揃える猫じゃらしやらトンネルやらキャットタワーやらで、すっかり猫様仕様になっていった。

町の人気者に

縁側は、ガラス戸越しの陽ざしで冬は暖かく、夏は網戸からいい風が入ってくる。家じゅう出入り自由となったまよいだが、ここがいちばんのお気に入りだ。まよい専用の青い座布団もある。

カーテンはいつも開いているので、通りからは、まよいが縁側でくつろぐ姿は丸見えだ。小学校、中学校、高校の通学路にもなっているので、縁側は登下校の生徒たちの癒しスポットとなった。縁側に居合わせた紗和さんに「なんて名前？」と聞く子も多い。「まよちゃん」と答えると「マヨネーズのまよちゃんか～」と言う子もいた。

散歩で前を通るお年寄り、買い物帰りの人、小さな子ども連れのお母さんなど、まよいを眺めてニコニコし、写真を撮る人もいる。

まよいが人々を笑顔にしている風景を目にして、紗和さんは簡単なプロフィールを書いた紙を貼った。これで「まよちゃん」の名は、町中の人の知るところとなった。まよいも、町の人たちとの交流を大いに楽しんでいるようである。紗和さんが縁側にいるときは、ガラス戸や網戸を開けて、子どもたちに「撫でてやってね」と言うときもある。「室内飼

紗和さんと

お母さんと

いの地域猫」と言えるかもしれない。行方のわからないまよいのきょうだいも、まよいのようにしあわせに暮らしていることを、紗和さんは心から祈っている。

今朝も、まよいは、縁側でまったりと一日を始める。目の前の通りを行く保育園の送迎バスが、曲がり角を前にスピードを落とす。送迎バスの窓という窓では、園児たちが両手のひらを窓ガラスにあてて、縁側に目を凝らす。園児たちも、この町での一日が、まよちゃんに会うことから始まるのを楽しみにしているのだ。

縁側が交流の場に

愛されてまんまるな目に

まよちゃんが縁側から眺める町の風景

奇跡の猫 *11*

弱きものにそっと寄り添った
心清らかな猫

ゴロー♂

ノラ母さんを交通事故で失ったゴローたち兄妹は、
里山で小さなオートキャンプ場とカフェを営む夫妻に迎えてもらった。
先住保護猫たちはみなやさしく、
ことに全身麻痺の雄猫サチはゴローを慈しんだ。
心やさしく成長したゴローは、サチの騎士（ナイト）となり、
新入りたちにもそっと寄り添う。

HP：https://hanahananosato.com/

雨の中の遺児たち

ゴローは、幼い3兄妹でこの里山にやってきた。雨の日に車に轢かれたノラ母さんのそばを離れずにいた遺児たちを、一緒に迎え入れてくれたのは、里山で小さなオートキャンプ場とカフェを営む長平さん・麻里子さん夫婦だった。

そこには、犬も猫もたくさんいた。みんな麻里子さんが見ないふりのできなかったワケアリたちである。子猫が大好きな元迷い犬のハッピーは大喜びで世話を焼いた。幼いゴローがよく忍び込んだのが、サチおじさんのベッドだった。子猫時代にここに持ち込まれた全身麻痺のサチは、ゴローをやさしく舐め、麻痺し

光を浴びて育った

ゴローの兄妹のヒロミ（左）とヒデキ（右）

4歳のゴロー

サチ（右）の生涯を支え続けた

た前脚で不器用に抱きしめてくれた。

美しい猫

長毛純白の毛はまるで里山の朝の光を集めたかのように、ゴローは美しい猫に成長した。高い木の枝から里山を見渡すのが好きだったが、サチの姿を遠くに見つけるや、すぐに駆け下りた。猫たちは大きな猫小屋で共同生活をしている。朝食後、小屋の戸が開けられると、いっせいに飛び出していく。サチは室内で過ごすことがほとんどだが、ときたま庭に出ていくのだ。

だが、サチは歩き始めるとすぐにバタンと倒れてしまう。ゴローは、そんなサチに寄り添ってゆっくり歩き、よろけそうになるサチを華奢な全身で懸命に受け止める。頬を寄せ合ってひなたぼっこをするのも、サチを支える体勢だ。サチが大きなトイレの砂の中にゴロンと横たわって排泄を踏ん張るときには、がんばれがんばれと応援した。

里山の春は花々に満ち、夏は風が吹き渡り、秋は紅葉が敷きつもった。冬は、赤々と燃えるカフェのストーブの前にみんなで集まった。

犬も猫も、みんなゴローが大好きだった

新入りちくわに寄り添う

サチが旅立つ前、もう開くことのないその目をそっと舐めて、別れを告げた

後からやってくる保護猫たちを、誰より気遣うのもゴローだった。まだ新生活に慣れない新入りのそばにさりげなく付き添う。観光牧場を追われた猫「ちくわ」がやってきたときも、他の猫たちが体の大きなちくわを遠巻きにするなか、ゴローは、山裾の小径にちくわを連れ出し、木登りに誘った。ゴローが誘うおかげで、ちくわはすぐに仲間たちの輪に溶け込んだ。子猫でやってきた謙治もキタロウも福もシュウも、そうだった。

別れのとき

ゴローがサチと過ごす里山の美しい春秋が幾つか巡るうち、サチは少しずつ衰えていく。付き添うゴローの瞳に悲しみが混じり始める。一緒に歩くことができなくなると、少し離れた場所からサチを守るかのように見つめていた。サチは何度か生死の境をさまよったが、いつも奇跡のごとく仲間たちの元に戻ってきた。

だが、麻痺のために内臓はすっかり衰えていた。麻里子さんは、サチの一生は病院ではなく、ゴローたちのいるこの里山で終わらせてやりたいと考え、その通りにした。

サチの埋葬を
離れた場所から見守った

5月の晴れた日、小高い丘の中腹でのサチの埋葬に参列した人たちは、離れた草むらから埋葬を見つめるゴローを見て胸を衝かれた。猫があんな悲しそうな目をするのを見たことがなかったからだ。

サチを見送ったとき、ゴローは5歳になったばかりだったが、一気に老いた憂い顔になった。身にまとっていた明るい光は、うっすらと悲しみ色の光になった。

サチを追って

サチ亡きあとのゴローはだんだん痩せていった。精密検査もしてみたが「体には特

里山での共生。命はみな平等だった

に悪いところは見つからないので、心因的なものではないか」と、医師は言った。

それでもゴローは後輩猫たちに慕われ、すっかりスレンダーになった体を草むらの上でキャンプにやってきた子どもたちに撫でさせていた。カフェのなじみ客が「サチのお墓に案内して」と言うと、すっくと立ちあがり、丘の中腹の墓地まで先導した。

療養食となり通院もしていたが、容体悪化でついに入院。医師は病名究明のため、開腹してみたいと言う。だが、ゴローがサチの元へ旅立ちたがっていることがわかった麻里子さんは、悩み抜いた末、カテーテル付きで退院させることを決意する。

抱っこをされて里山をひと巡りしてもらうと、ゴローはゴロゴロと喉を鳴らし続けた。その夜、サチと同じく、麻里子さんの腕のなかで眠るように旅立った。サチを見送って1年が過ぎた、彼岸花の咲き始める季節だった。

天使たち

今、里山のキャンプ場は、息子の哲也さんが受け継いでいる。改装したカフェで、麻里子さんはゆっくりと客をもてなす。サチやゴローを知る客は言う。「姿も心もあんなに綺麗な子はいなかった」「あの子は、ほんとうに天使だった。サチのために天から遣わされて、お役目を終えて空へ帰っていったね」「今頃は、ふたりで空の上を

初めて里山の光の中へ飛び出した日

駆け回っているよ」

カフェから見上げる空は、今日も広く青い。あの空から、サチやゴローをはじめ、歴代の里山っ子たちが見守ってくれているかと思うと、麻里子さんは毎日の元気をもらう。草原では、ゴローと入れ替わりのようにやってきた、行き場のなかった猫たちが楽しげに遊んでいる。時折いろんなことをやらかすけれど、仲間思いのやさしさは、サチやゴローの魂を受け継いでいる。あの子たちも、空から舞い降りた小さな天使たち。みんなを空へ送り帰すまで、カフェをのんびりがんばろうと麻里子さんは思う。

さよなら、またね

奇跡の猫 *12*

おっとり家猫に変身した、地域のボス猫

おやかた♂

「おやかた」は、その名の通りかっぷくのいい家猫だが、
外で生きていた証の耳カットがある。
弱きものを守る強くてやさしいボスとして路地で暮らしていたのだが、
体調不良をきっかけに家猫となった。
今でも、リード付きで散歩をすれば、
「やあ、おやかた」とあちこちから声がかかる。

その名の通り、かっぷくのいいおやかた

強くてやさしいボス

群馬県のこの町で、河上さんの家周辺を大きな白っぽい猫がうろつき始めたのは、3年ほど前のこと。近くのひとり暮らしのおばあちゃんに面倒を見てもらっていたのだが、その方が施設に入所してから、居場所をなくしてしまったのだった。

ふびんに思った河上家では、路地の人たちと相談して、彼をここの地域猫の一員として処遇することにした。

地域猫となった彼は、界隈でいろんな人から「おやかた、おやかた」と声をかけられる人気者になった。体格がよくて、通りかかる犬ともケンカする度胸がある。地域の弱い猫やメス猫を体を張って守る、やさしいボスとして君臨した。

世渡り上手でもあって、いろいろな家に「立ち寄り場所」をしっかり確保していて、くつろいでいく。ことに河上家は滞在時間が長かった。

猫たちにも地域の人たちにも愛されていたおやかただが、2022年の秋の終わりに体調を崩した。河上さんが獣医さんに担ぎ込むとかなりの高熱。猫エイズのキャリアであることも判明した。その冬、おやかたは河上家で養生することに。

もう外には出せない

おやかたは快方に向かったが、外に戻すのは春まで延ばした。地域で愛され、自由に外で暮らしていた彼を家の中にとどめるべきか、外に戻すべきか、河上家は悩み続けていた。エイズキャリアの猫を発症させないためには、ストレスのない暮らしがい

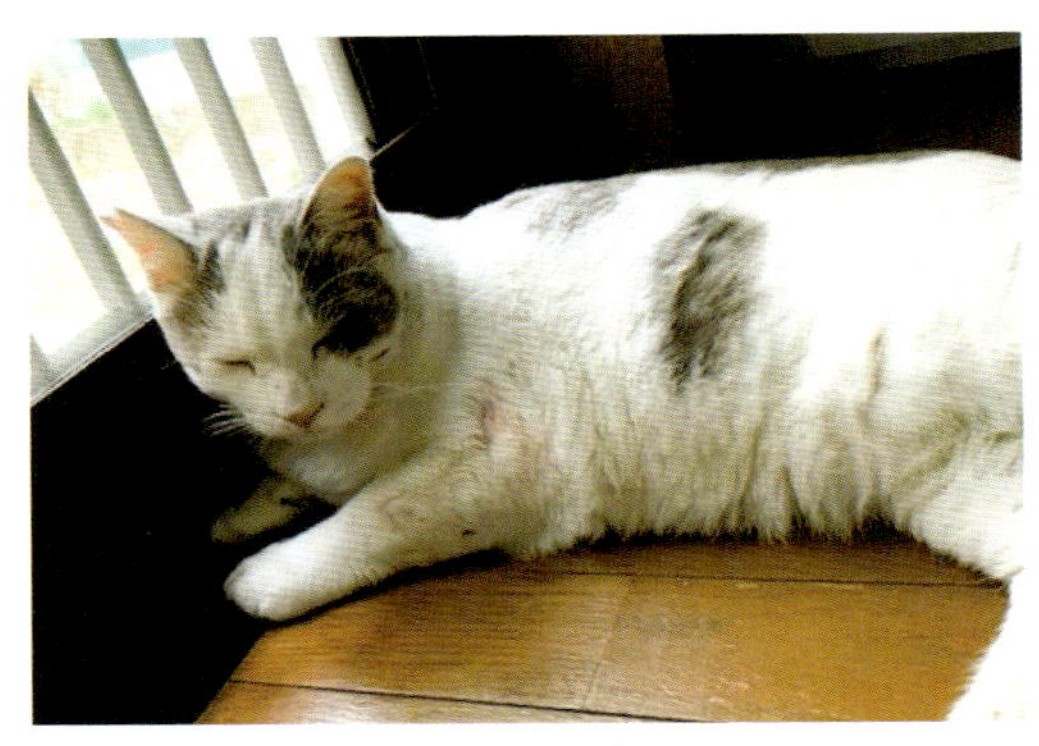

体調を崩して家の中へ（河上さん提供）

みるみる回復してひと回り大きく

ちばん。彼にとって、自由な外と、安心な家の中と、どっちがストレスフリーなのだろう……。

春になったら、外に戻すことはできなくなっていた。そう、家族みんながおやかたの魅力のとりことなってしまったし、おやかたも家猫暮らしがまんざらでもないようなのだ。

すっかり体調が安定したおやかたは、ひと回り大きくなって、イケメン度も増した。外の地域猫たちの安全は人間たちがしっかり守ればいい。

おやかたのストレスがないよう、日当たりのいいひと部屋が、おやかた部屋となった。その窓からも、自由に上がっていく2階からも、以前のように広い空や通りの景色がよく見える。

最新式の安全なリード装着で、お父さんに散歩にも連れて行ってもらう。彼は、犬並みに怪力なので、お母さんでは制御が難しいのだ。

いまだに「オレの縄張り」という顔で堂々と道を行くおやかたに、いろんな人が声をか

（河上さん提供）

けてくる。「やあ、おやかた」「おやかた、元気〜？」「おうちの子になったんだあ」「おやかたは、雷がとても苦手なんです。近くで雷が鳴ると、2階に上がってきてこわごわ丸くなっています。外猫だったときはどうしていたんでしょう。『家猫になってよかったぜ』と思ってくれてたらうれしい」と、お母さん。

食欲旺盛で、シッポをいつもピンと立てている元気なおやかたから、河上家ではいっぱい元気をもらっている。「おやかたといると楽しい」と心から思えたり、猫話でご近所さんと仲良くなれたり、「これって、おやかたが運んできた小さな奇跡かな」と、お母さんは思っている。

「家猫生活？ 悪くないぜ」

奇跡の猫 *13*

猫に興味のないお父さんを一夜でとろけさせた黒猫

百（もも）♂

家の新築をきっかけに、妻が「猫を飼いたい」と言い出した。
「え、猫？」と犬派の夫は思ったが、
知人の保護した黒い子猫を迎えることになった。
子猫が足元から膝によじ登ってきてスリスリしたのは、
やってきた翌日のこと。
瞬時に夫の心はとろけにとろけた。
「ああ、これが猫の『スリスリ』というものか。なんて可愛い生き物なんだ」

---

momomaru100yen　X @2020momo100

やってきた子猫はすぐになついた

一也（かずや）さんは根っからの犬派だった。猫にはまるきり興味がなく、触った記憶もない。妻の茜さんが、「猫を飼う」と言い出したときは、「猫か」と思ったが、反対もしなかった。

茜さんは、実家でずっと猫と暮らしていたから、家の新築をきっかけに、また猫と暮らしたいと思っていた。保護活動の手伝いを始めた大学の先輩夫妻から「黒猫に興味ある？」と打診されるやすぐに見に行った。金色の目をしたちび猫には「うなぎくん」という仮の名がついていた。2日後に譲渡会に出ると聞いた茜さんは、会場へのぞきに行った。うなぎくんは無愛想を通し、誰からも声がかからなかったことを譲渡会終了後に聞き、

お父さんの膝の上で

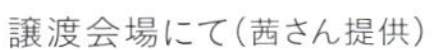

譲渡会場にて（茜さん提供）

「うちにくる子だわ」と思った。
もらい受けてきた猫に興味がない夫の様子を見て、茜さんは「命名権をあげる」と引き込み作戦に出た。一也さんは思いついて「もも」と答えた。それで、子猫は「百（もも）」という名になった。

百は、最初の日こそ、冷蔵庫と壁の隙間に隠れていたが、翌日にはオモチャにつられ、ふたりの前で無邪気に遊び始めた。そのうち、一也さんの足元から、ズボンに小さな可愛い爪を立ててよじ登り、膝の上に乗ると、体をスリスリとこすりつけてきた。瞬時に一也さんの心はとろけた。「これが猫の『スリスリ』というものか。なんて可愛いんだ。猫って……こんなだったのか」

腕を枕にされて動けないお父さん（茜さん提供）

なんという小ささ。なんというやわらかさ。なんという無防備さ。百は、膝の上でくつろぎ、ゴロゴロゴロゴロと小さく喉を鳴らし始めるではないか。「ああ、なんて可愛いんだ！　どうしてもっと早く教えてくれなかったんだ」

（茜さん提供）

「東京音頭」にも付き合ってあげる

早く家に帰りたい！

一也さんは、会社からの帰宅や休日がとても楽しみになった。帰宅すると、まずは、こたつ布団の上で百を仰向けにする。じっと見つめるつぶらな目や、ほわほわのお腹の毛が何とも可愛い。前脚を握って、「東京音頭」なんぞを歌に合わせて踊らせてみるが、ゴロゴロと喉を鳴らして付き合ってくれる百が愛しくてたまらない。

百が夫妻の寵愛を浴びるひとり息子になって1年ちょっと過ぎたある日、敷地内の駐車スペースに、目がぐじゅぐじゅの白っぽい子猫がいる。母猫とはぐれたのか、鳴き続けて枯らしてしまったような声で鳴く。衰弱しているようなので、茜さんたちは保護を決めた。

体調が落ち着いたら譲渡しようと、SNSで知り合いなどに発信して貰い手を探し始めた茜さんに、一也さんが言うではないか。

「名前は『まる』にした」

まると追いかけっこ（茜さん提供）

ツンもデレも、たまらない

2匹目の猫は「円（まる）」になった。2匹はすぐに仲良くなり、じゃれ合い走り回って家の中はにぎやかになった。仲のよい様子を眺める楽しみも増えた。

かまいすぎる一也さんに円はつれない。「いやもう、猫だったら、ツン（円）でもデレ（百）でも、たまらなく可愛いです！」と一也さんは目尻を下げる。

「ゴロゴロやスリスリは人生を変えました。いつでも一緒にいたいと思うし、猫の喜ぶことならなんでもしてあげたい」

かたわらで、茜さんも笑う。「猫沼にずぶずぶハマっていく夫を見ているのもおかしくて楽しくて」

茜さんは、円のように助けを求めている子がまたやってきたら、百と円に相談の上で迎え、「玉」という名前にしようと決めている。夫はすぐに陥落するだろうから。

猫のいる風景は、自分たち夫婦のこれからの人生を愉しく平和に彩り、新しい発見をたくさんさせてくれるだろうから。

百と円と揃えば、あとは玉
（茜さん提供）

奇跡の猫 *14*

町なかの放浪猫が山あいのパン屋さんの猫になった

ペーター♂

紀衣(のりえ)さんが、夫が遺した猫たちと暮らす家の庭に、
その猫はある日突然現れた。よれよれの薄汚れた雄猫。
そのあまりの痩せようをほっておけなかったが、家猫はもう増やせない。
TNRのためにいったん保護したのだが、その猫は愛情に飢えていた。
家猫になりたいのだ。こんな放浪猫に貰い手は見つかるだろうか。

ぺちゃんこのおなか

在宅仕事をしていた紀衣さんの耳に、猫の唸(うな)り声が聞こえてきた。庭先で、地域で面倒を見ている雄猫が、見たことのない猫に唸っている。自分のフード皿の前に、そいつが陣取っているからだった。たまたま通りかかった猫だろうと、軽く追い払って紀衣さんは部屋に戻った。

夕方、仕事先に行く前に2階から見下ろすと、あいつがまだいた。その姿に胸を衝かれた。上から見ると、かなりの汚れ具合で、おなかはぺっちゃんこである。空腹すぎて、カラのお皿から離れられないのだ。

タクシー乗務員だった亡き夫は、路頭に迷う猫を見つけると連れ帰った。夫が遺した猫たち16匹を次々と見送り、今は7匹だ。その子たちを順番に夫のもとに送り届けるまではと、紀衣さんはダブルワークでがんばっている。

ついこの前に見送ったばかりの老猫用の栄養価の高い缶詰が残っている。それをやると、猫はガツガツとまたたく間に食べた。仕事から帰ってきたら、猫はどこかへ行っていることだろう。

庭に現れた日（紀衣さん提供）

今はこんなにふくふく

「おうちを見つけてあげる」

だが、夜帰宅すると猫は庭にいた。ＴＮＲの選択しかなく、いったんの保護を決め、猫を家の中のケージに入れた。

「ボクちん」と名付けたその猫は、ケージから出たくて、鼻先に無数の擦り傷を作った。出してやると、紀衣さんにピタッとくっついて離れない。飼い猫時代もあったのだろうか、こんなにも人の愛情を求めている。人のそばで暮らしたがっている。

手術を済ませた頃、紀衣さんは猫にこう約束をした。「ごめんね、うちの子にはできないけれど、きっといいおうちを見つけてあげるからね」。流れ者の成猫に譲渡先を見つけるのはかなり困難かもしれないが、やるっきゃない。

ふっと目に浮かんだ光景があった。最近通い始めた、山あいにある天然酵母のパン屋さんである。保護された「ルル」という名の若い黒猫がいて、パン屋さん夫妻が庭作業をしている間は、敷地の草の上や木々の間でひとり遊びをしている。ボクちんとルルちゃんが仲良く遊んでいる図が浮かんできた。

あれよあれよの展開

パン屋さんに行ったとき、猫を保護したいきさつを店主夫妻に手短に話した。思い切って「もう1匹飼いませんか」と言ってみた。「考えておきます」という返事。日を置かず「連れてきてみてください」と連絡が来た。夫妻はルルがひとり遊びをしている姿に「遊び相手がいた

トライアル前（紀衣さん提供）

トライアル開始

「草の上って気持ちいい！」

「しあわせになるんだよ」

ら、ルルも楽しいだろうな」と思っていたのだった。

はるばる連れてこられて不安そうなボクちんを抱きしめ、紀衣さんは「ルルちゃんに仲良くしてもらうんだよ」と言い聞かせた。その夜、紀衣さんは泣いた。譲渡が決まってほしいという気持ちはもちろんあるが、一緒に過ごした3週間で、「可愛いやつ」という気持ちが日に日に強まっていたからだ。しばらくは会いに行くまい。

パン屋さんからは、毎日メールが届く。「ケージから出せと夜も鳴き続ける」「出してやると、くっついて甘える」「とにかく食いしん坊」「とにかくおしゃべり」「ルルを追いかけて庭で遊んでいる」「押入れを開けたら、背中をくっつけてふたりで寝ていた」と、あれよあれよの展開だ。

クローバーの上

ボクちんは、パン屋さんの「ペーター」になった。『アルプスの少女ハイジ』に登場する心やさしき少年の名だ。

紀衣さんが会いに行くと、2匹はじゃれ合って、とても楽しそうだった。ペーターは家の中では、高い声でよくしゃべり、夫妻の後をくっついて歩くという。「ゴミ箱を漁ったり困ることもするけれど、それ以上に可愛すぎる」「ルルも生き生きしてるよね」と、パン屋さん夫妻は笑った。

　年齢不詳の放浪時代とすっかり顔つきが変わって若々しくなったペーターは、どうやらルルよりちょっとだけ年上の若猫のようだ。2匹のマイブームは、待ち伏せごっこ。いろんなところで待ち伏せては相手に飛びかかり、じゃれ合う。さんざん遊んだ後は、背中合わせで眠る。

　パンを買いに行くたび、2匹のしあわせそうな姿を眺めて、紀衣さんは思う。「この猫には譲渡は無理だとあきらめなくてよかった」と。空の上の夫は「よかったな」と笑っているだろう。

ルルと仲良し兄妹に

「猫って、ニンゲン次第で生まれ変わるんだ」

おいしいパンを買って店から出ると、庭のクローバーの上で、山から吹いてくる風を受けてペーターがうたたねをしている。よれよれの放浪猫が、アルプスの少年ペーターのようになるなんて。すべてがしあわせに運びすぎて、夢物語のようだ。

山からの風に吹かれてうとうと

奇跡の猫 *15*

ひとつ屋根の下、
やさしさのバトンタッチ

くぅ ♂

しの ♀

らい ♂

晴(はる)さんちには、いろいろな猫たちが縁あって集まってくる。
犬もいた。介護も育児も支え合って生きてきた。
柴犬の雌犬しのにひとめぼれした雄猫くぅは、
しのが認知症になると献身的に介護した。
下半身不随のらいは、仲良しのしのとくぅを見送った後、
やってくる預かり子猫たちのよきおじちゃんとなり、
人間の可愛い弟も持った。

---

hinatabocco.3　@hinatabocco_3
ブログ：https://ameblo.jp/hinatabocco386/

しのの頭がガクッと落ちないよう、
あごの下から支える

くぅとしの

認知症の老犬しのをかいがいしく介護する雄猫くぅの日常を綴った晴さんのフォトエッセイ『くぅとしの』では、犬と猫の間に育まれた奇跡のような「無償の愛」が、人々の胸を照らし続けている。

車道を右往左往していた放浪犬「しの」と、行き倒れのノラ猫「くぅ」は、1年違いで晴さんに保護されてやってきた。くぅはしのを初めて見た瞬間、ひとめぼれをしてしまった。年上の女しのはくぅにクールを通したが、くぅはめげることなくアタックし続けた。しのが認知症となると、くぅはつきっきりでこまやかにお世話を始める。食事にも付き添い、サークル内で徘徊を始めると先回りして倒れないように支える。毛づくろいをしながら寝かしつけもした。認知症となってからの

横取り？ いや、味見のつもり

添い寝してなめてあげる

しのに、自分の愛を丸ごと受け入れてもらえたくぅは、とてもしあわせそうだった。

くぅとらい

キジトラの雄猫らいは、2018年、交通事故に遭い大ケガをして保健所に収容されていた。殺処分寸前のところでボランティアさんの手を借りながら、当時しのの介護真っ最中だった晴さんが迎えた。保護猫は他にもいるのだが、くぅは誰に対してもやさしく、下半身不随のらいとも男同士の友情で結ばれた。らいも老いたしのに親愛を示し、くぅとしのとらいの3ショットは、この上なく平和な光景だった。

くぅとらい（右）。「おやつ、まだ？」

しの亡きあと、体調を崩し、さびしそうな目をしてひとり過ごすことが多くなったくぅにそっと寄り添ったのは、らい。くぅの目にも、少しずつ光が戻ってくる。晴さんの長男いちくんの誕生で、猫たちの日常はもっと楽しくにぎやかになった。

らいとみんな

2022年の春にくぅはしののいる空へ旅立っていった。14歳を過ぎたらいは今、古参として猫たちの中心にいる。次々とやってくる預かり子猫や保護猫たちの譲渡までの遊び相手を引き受ける。子猫たちにとっては、らいおじちゃんなのか、らい兄ちゃんなのか、大好きな存在であることは確かだ。

いちくんも3歳となった。生まれたときか

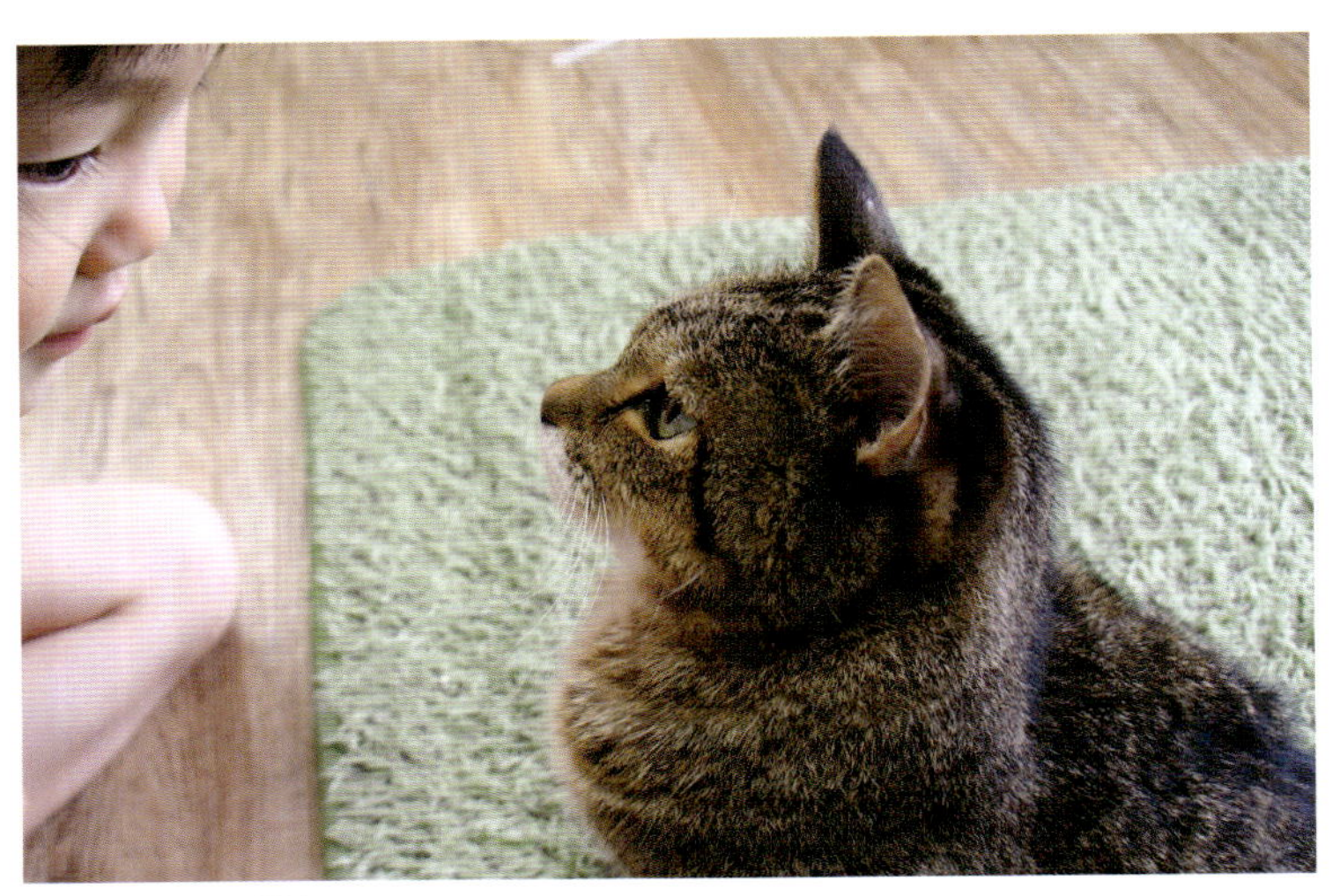
いちくんとらいの語らい

ら猫たちに囲まれているので、猫が大好き。猫はきょうだい。らいとはいいコンビで、いつも語らい、チュッやハグを交わす。今のところは、らいの弟分だが、すぐに頼もしいお兄ちゃんになることだろう。

大好きだからそばにいるよ。大好きだから何かしてあげたい。打算もてらいもなく、「大好き」を伝え合い、やさしさをバトンタッチしていく動物たちと幼子。ひとつ屋根の下、その輪のなかにいることが晴さんのしあわせだ。

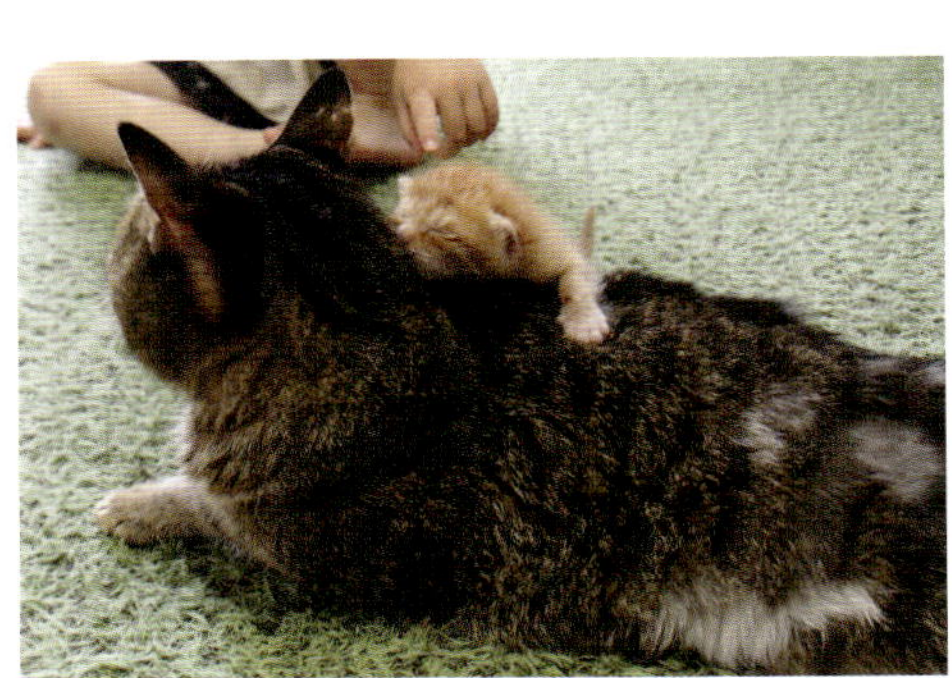
預かり子猫の面倒を見るらい

奇跡の猫 *16*

農家さんたちに助けてもらった
瀕死の子猫

むぎ♀

行き倒れていた子猫は、腹部に大きな穴が開き、
曲がった右前脚は腫れあがり、右後ろ脚も曲がって骨だけになっていた。
動物病院に担ぎ込んだ農家の尚子さんは先生に言った。
「うちの子にしますから、できる限りの治療をしてください。
踏まれても強く立ち上がるように、名前はむぎにします」
そして、むぎを支えるみんなの輪ができた。

大ケガからひと月。治療中だがすくすく成長中

大ケガの子猫

尚子さんは都内の会社勤めから転職したひとり農家だ。千葉県成田市で無農薬の野菜を作っている農家たちの共同出荷場のスタッフでもある。

6月終わりの暑いその日は、出荷作業の最中だった。近所の人が飛び込んできた。

「朝からずっと子猫の鳴き声がしてたんだけど、見当たらないの」

行って探してみると、庭の隅で1ヶ月過ぎくらいの子猫が行き倒れていた。お腹には直径2センチ近くの穴が開いている。大きく腫れている右前脚は不自然な曲がり方をしている。目をそむけたくなるのは、右後ろ脚だった。折れた細い骨だけになって付け根の部分は暗赤色(あんせきしょく)だ。どうやらカラスに突かれてから、かなり時間が経っていると思われた。

ふと見ると、かたわらに小ぶりの猫が座っていた。乳が少し張っているようにも見えるので、うら若い母猫のようだ。近くの老夫婦の敷地に出入りしていた母子猫だとわかり、急ぎその家に行って飼い猫でないことを確かめ、子猫を動物病院に連れて行くことの了解を得た。

先生、お願い！

最初に駆け込んだ近くの獣医は、無反応の子猫を見て「これはもう難しい。ここでは診られない」と言った。

尚子さんは諦めることはできなかった。3年前の朝、道の駅に納品に行く途中でカラスに囲まれ突かれている最中を保護した子猫「つな」は、自力排泄も難しいだろうと診断された重傷だったが、その後の診断で「すべて治っている！」と獣医を驚かせる奇跡の復活をとげた。

市内中心の病院へと急いだ。じっくりと診てくれた先生に、尚子さんは言った。

「先生、その子、今、うちの子にしました。だから、できる限りの治療をお願いします！　名前も決めました。むぎ。踏まれても踏まれても立ち上がる子になるように」

つなを保護した後にも、行き場のないのをほっておけなかった子猫の「わら」を迎え、すでに家には2匹がいる。ひとり農家の身には経済的にも大変だし、なにより農作業の間、大ケガの子を家に置いておられようか。そうは思っても、「うちの子にする」という言葉は口から飛び出していった。

治療室では観念する

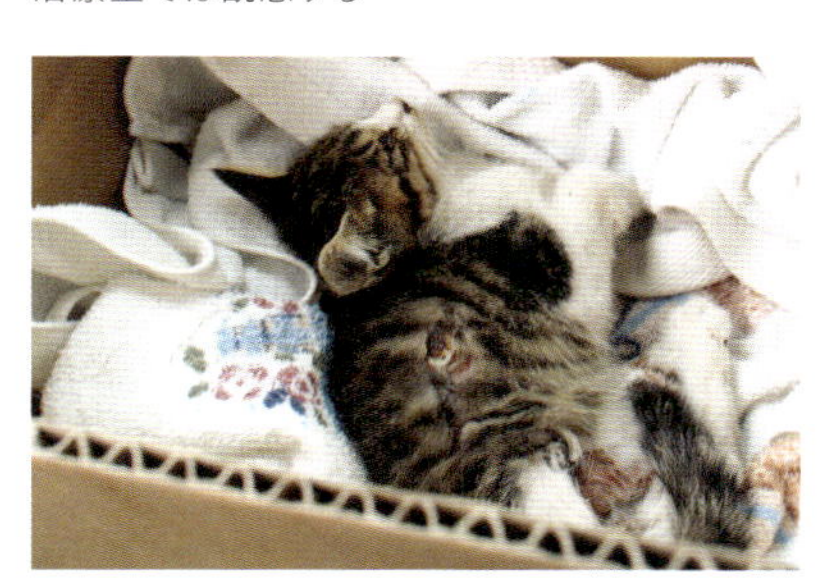
保護された日

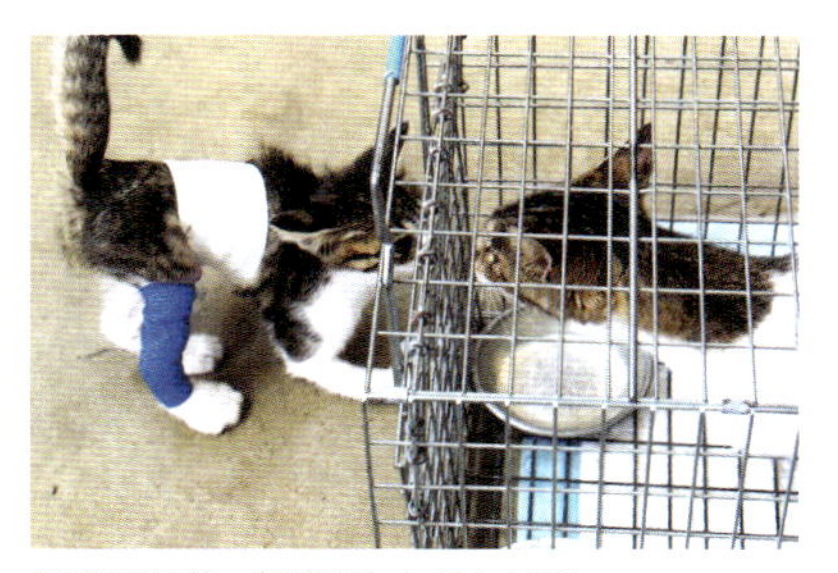
保護10日後。保護された母と対面

目を見張る生命力

むぎはそのまま入院となった。小さすぎて手術などはまだできないので、5日後から通院に切り替えて、感染症を防ぎながら、骨に新しい肉をつけていくための治療を一日おきにすることになった。その治療は数ヶ月を要

畑作業を見学のつな（左）とわら（右）も保護した猫

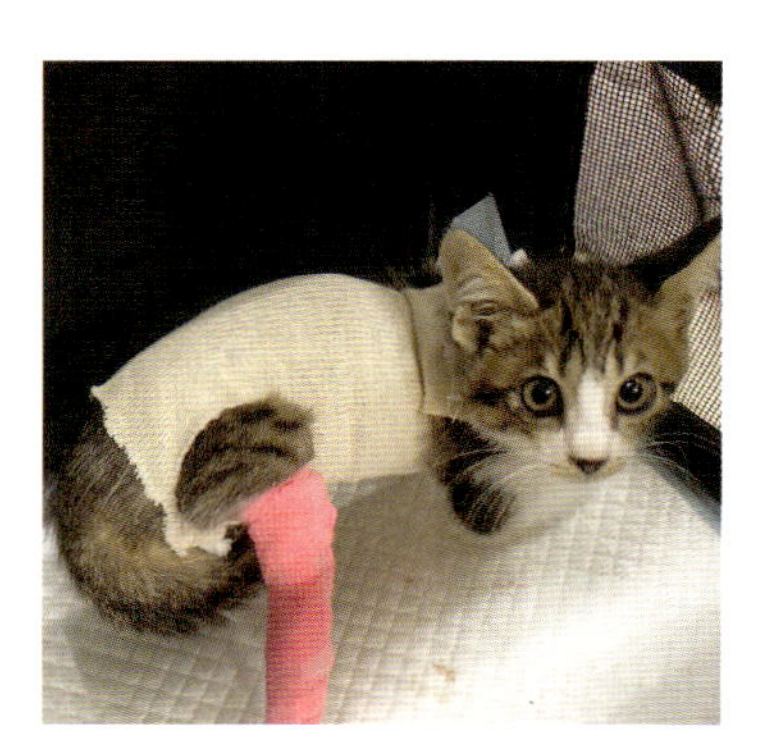

あちこち治療中だけど元気いっぱい

やんちゃすぎてわら兄ちゃんにしばかれる
（尚子さん提供）

し、折れた右後ろ脚と右前脚の麻痺はもう治らないとのことだった。

いのちの危機を脱したむぎは、その目にどんどん生命力を宿してきた。どうしてそんなに動かせるのかと思うほど、四肢をばたつかせる暴れん坊である。おかげで包帯がずれるので、とうとう先生が作った小さな術後服を着せられる羽目になった。

遊びたい盛りなので、一日に少しだけ先住猫と一緒にしてやる。1歳前のわらに飛びかかっては、いつもしばかれている。だが、しばき方がソフトなので、「動物たちって、よくわかっているなあ」と、尚子さんはいつも感心する。むぎのはしゃぐ姿を見ると、麻痺して曲がった前脚も、骨だけの後ろ脚も、まるで苦にせず使いこなしているように尚子さんには見える。きっと、つなと同じ奇跡がむぎにも現在進行形で起きつつあるに違いないと、確信する。

みんなしあわせに

むぎの母さんは、若くしてどこかで出産し、老夫婦の庭に入り込み、小さな体で4匹の子を育てていたようだが、子猫はいつしか2匹だけになっていた。育たなかったのかもしれないし、カラスに食べられたのかもしれない。老夫婦は、自分たちの年齢を考え、家に入れることはなかった。むぎが大ケガをしたとき、母猫は助けてくれる

包帯を取り替えさせてくれないので、ハンモック利用（尚子さん提供）

むぎの兄猫は「タロ」に

むぎの母猫は「苗」に

家を必死で探し、運んだのだろう。

むぎと同じことは繰り返させない。尚子さんは、もう一歩を踏み出した。地域でTNR活動をしている人の協力を得て、むぎの母猫と兄猫を捕獲。諸検査後、母猫の不妊手術を済ませた。母子共に預かって譲渡先を探しましょうと申し出てくれたのは、個人の犬猫シェルター。春先に直売所の周りで保護した黒い子猫をインスタ経由で預かって譲渡先につなげてくれた縁がある。シェルターに向かう日の母猫のケージに、しばしむぎは入れてもらった。再会、そして別れ。それぞれに新しい暮らしが始まる。

父猫と思われる、根っからのノラの去勢もし、ねぐらとご飯に困らないよう出荷場のみんなで見守ることにした。さらに、脚にケガをして民家に助けを求めてきた若いオス猫も保護した。この子も傷の手当てと去勢手術後、シェルターで預かってくれている。

むぎの今後の治療費やファミリー猫

前脚と後ろ脚が麻痺しているとは思えぬこの勢い。まさに「麦」のような生命力

支援のため、農家さんや店の客などで、「むぎ基金」が立ち上がった。チャリティー・トートバッグの売り上げをむぎ基金としてくれる客もいれば、ミニメロンなどの売り上げを寄付してくれる農家もいる。

むぎの元気といい、支援の輪の展開といい、日常に立ち現れる奇跡とは、「前を向く」まっすぐな気持ちが生み出すものかもしれない。その後、シェルターで人なれした後、むぎの母さんとお兄ちゃんは一緒にもらわれていった。「苗ちゃん」と「タロくん」という名をもらい、猫が初めての一家の寵愛を浴びている。幼い母だった苗ちゃんは、外猫時代は尖っていた目がすっかり丸くなった。包帯を巻かれたむぎは、先住猫たちに飛びつき今日も健やかだ。

奇跡の猫 *17*

「老後はこうありたい」と
みんなを元気づけた人気猫

みけちゃん♀

児童文学作家の村上しいこさんがこよなく愛するみけちゃんは、
ある日するりと家の中に入り込み、
猫を飼うのは初めての「かあちゃん」に
「猫との暮らし方」をしっかり教えたつわもの。
老年期はマイペースで古民家暮らしを楽しみ、
25年と6ヶ月を元気に生きた。

---

happy_cat222　X @m_shiiko　HP：https://shiiko222.web.fc2.com/

入り込んだ猫

「みけちゃんは、若いときから自分の意志をしっかり持ち、胆力のある子でした」

みけちゃんは、しいこさんが初めて一緒に暮らす猫だった。1999年の秋、夫妻で暮らしていたアパートの6階までうら若い彼女は上がってきて、ドアのすき間から入り込み、そのまま出て行かなかったのだ。

腰のあたりに、犬に咬まれたらしきケガをしていた。近所の子どもに聞けば「引っ越しで置いてかれた子」らしい。「うちで面倒見るか」と「みけ」と名付けて、彼女の前では「とうちゃん」「かあちゃん」と呼び合うようになった。

「猫との暮らし」を指南

みけちゃんは、「猫との暮らし方」をしいこさんに伝授した。「昼間はベランダでひなたぼっこしてますから、ご飯さえ置いといてくれれば、お留守番OKです」「ちょいとお膝で甘えさせてください」といった、猫からすれば「自主性を尊重された、ストレスのない理想的な人間との暮らし」だ。とうちゃんもかあちゃんも指南通りにしたのが、その後のみけちゃんのお達者につながっていく。

アパートから一軒家に引っ越して、みけちゃん13歳のときに、空き地で保護した灰色縞柄の「ピース」がやってきた。その1年後、よそで保護されたサバ白の「パレオ」も加わり、みけちゃんはふたりの弟に慕われるようになった。

快適古民家暮らし

三重県松阪市の古民家暮らしは、2021年から。猫たちがくつろげる日当たりや間取りなどを最優先にして選んだから、みけちゃんたちはこの家が大いに気

25歳。午後の巡回中

に入った。

　みけちゃんは、朝かあちゃんの手枕から起きあがると、弟たちと並んでカリカリとウェットの朝食をとる。歯はほぼあるので、食べっぷりは弟たちに負けない。それから、ストーブの前の大きなクッションに前脚を突っ込み、考え考え体勢を整えてからくつろぐ。そのうち、かあちゃんが「お尻拭き拭きしよか」と声をかけ、ホットタオルでやさしく拭いてくれる。ブラッシングもしてくれる。膀胱の機能が悪くなってからはオムツをしているのだが、かあちゃんは様子を見ながらオムツを外してくれた。

とうちゃんかあちゃん、弟分のパレオと

　あとはみけちゃんの好きなように一日が回っていった。通りに面した日当たりのいい部屋で過ごしたり、各部屋や廊下をスタスタ巡回したり、こたつの中で弟たちをそばに侍らせて眠ったり。「みけちゃん、おなかすいたんか、ほなおやつでも食べるか」「みけちゃん、インスタでみんなに可愛いて言われとるよ、うれしいなあ」と、とうちゃんかあちゃんはしょっちゅう声をかける。

家の中は、危険な箇所がないようにしてあるが、みけちゃんの危機管理能力を衰えさせないよう、ちょっとした段差はそのままに手出しは極力しない。

愛された25年

18歳くらいのとき、みけちゃんは初めててんかんの発作を起こした。そのときに「死んでしまうかもしれへん」と思った悲しみを、しいこさんはずっと心に秘めて、「今」を大事にしてきた。そんな思いからみけちゃんのいのちの賛歌を発信するしいこさんのインスタグラムは人気を呼び、「理想の老後」とみけちゃんファンが急増。『25歳のみけちゃん』（主婦の友社）というフォトエッセイも発売され、反響を呼んだ。

継母からの虐待や学校でのいじめに「死のう」とまで思った子ども時代のしいこさん。親に抱かれたことは、一度もなかったという。しいこさんにとって、かけがえのない愛娘みけちゃんは、２０２４年5月、たっぷりと愛されて、その一生を閉じた。

三重県獣医師会からのご長寿表彰

特別寄稿　愛おしくてたまらない

猫の魅力とは？と聞かれたら、猫と暮らしている者なら簡単にスラスラと出てくると思う。『もふもふ』『ふわふわ』『華麗なキャットウォーク』『感情豊かな表情と、もの言う尻尾』『すべてを見透かすようなクリアな瞳』『しなやかな身体』『甘えた時々ツンデレ』などなど。「にゃ〜ん」と鳴き、スリスリされるだけで心がとろとろになり、あっという間に猫の虜。今風に言うところの〝沼〟にはまる。

私とみけちゃんの出会いはそんな甘い感じではなかったけど、これだけは自信を持って言える。『みけちゃんが私を選んでくれた』ということ。

ご飯をあげていたわけでもなければ、なでたりしていたわけでもなく「ねこさん、おはよう。可愛いなあ」と声をかけていただけなのだから。

猫には不思議な力があると思う。

心が前向きになれない時には寄り添ってくれるだけで元気になれるし、大ケガをしても励ましてくれる人間がいるとそれに応えようと精一杯のエネルギーで生きようとする。

猫と出会ったことで家族に笑いが増え、人との縁が広がりさらに繋がってく。

目が見えなかったり、手がなかったり、人間には不自由に見えていても、温かい家族、優しい声と手がそこにあれば、それが猫にとって幸せなことで日常なんだと思う。

社交的な子、ちょっと臆病な子、毛の色や柄が違うように性格だって十にゃん十色。

今まで多くの人の目に触れながら外での生活を楽しんできた猫たち、ケガをしているところを助けてもらった猫、みけちゃんのように自ら家に入ってきた猫、それらはすべて、偶然ではなく必然で、そんな猫たちと出会ったことこそキセキなんだと思っている。

最高のプレゼントをありがとうと
すべての猫に伝えたい。

村上しいこ

児童文学作家。2003年『かめきちのおまかせ自由研究』(岩崎書店)で第37回日本児童文学者協会新人賞を受賞しデビュー。絵本から小説まで幅広く活躍。単行本は100冊を超える。松阪市ブランド大使。NPO法人『子どもの自立を支援する会・くれよん』顧問。手話サークルひまわり代表。著書に『25歳のみけちゃん』(主婦の友社)など多数。

佐竹茉莉子 sablnekomariko

フリーランスのライター。幼児期から猫はいつもそばに。2007年より、町々で出会った猫を、寄り添う人々や町の情景と共に自己流で撮り始める。フェリシモ「猫部」のWEBサイト創設時からのブログ『道ばた猫日記』は連載15年目。朝日新聞系ペット情報サイトsippoの連載『猫のいる風景』はYahooニュースなどでも度々取り上げられ、反響を呼ぶ。季刊の猫専門誌『猫びより』(辰巳出版)や女性誌での取材記事は、温かい目線に定評がある。

スタッフ	デザイン:阿部早紀子　校正:鴎来堂　編集:本田真穂
制作協力	株式会社フェリシモ「猫部」:https://www.nekobu.com/ 朝日新聞社 総合プロデュース室 sippo編集部:https://sippo.asahi.com/
Special Thanks	村上しいこさん、小山慶一郎さん、本書に登場の猫たち、 ご協力いただいた飼い主や保護主・預かり主の皆さま。わが猫菜っぱ。
本書について	本書は、フェリシモ「猫部」の人気ブログ『道ばた猫日記』と sippoの連載『猫のいる風景』、猫専門誌『猫びより』で紹介され 話題となった猫たちのエピソードに新しい猫たちのエピソードも加え、 「奇跡」をテーマに完全書き下ろしでお届けする実話集です。

猫は奇跡

2024年9月25日　初版第1刷発行

著　者	佐竹茉莉子
発行人	廣瀬和二
発行所	辰巳出版株式会社 〒113-0033 東京都文京区本郷1-33-13　春日町ビル5F TEL:03-5931-5920(代表) FAX:03-6386-3087(販売部) URL:http://www.TG-NET.co.jp
印　刷	三共グラフィック株式会社
製　本	株式会社セイコーバインダリー

Printed in Japan　ISBN978-4-7778-3176-0　C0095